《可拓学丛书》编委会

主　　　任：涂序彦
副　主　任：于景元　钟义信
常务副主任：蔡　文
编　　　委：(以姓氏笔画为序)

于景元　王万良　邓群钊　田英杰
刘　巍　李兴森　余永权　邹广天
陈文伟　杨国为　杨春燕　赵燕伟
钟义信　胡宝清　涂序彦　黄有评
黄金才　蔡　文

可拓学丛书

可拓创新方法

杨春燕 著

国家自然科学基金资助项目
广东省科技计划项目

科学出版社
北京

内 容 简 介

创新的核心是创意. 创新方法是自主创新的根本之源. 中国原创性学科可拓学告诉我们: 创意的产生是有规律可循、有方法可依的!

可拓创新方法是用于生成创意的方法, 它利用可拓学的基本理论, 建立了方便、易学、易操作的模型化与定量化相结合的方法, 它可以告诉你创新的入手点在哪里, 创意生成的依据是什么, 创意生成的工具有哪些, 创意如何评价选优等, 可用于各领域的创新和解决矛盾问题. 本书系统介绍了各种常用的可拓创新方法, 分析透彻, 可操作性强. 为方便不同知识背景和不同层次读者的学习, 各部分内容都配备了通俗易懂的案例.

本书适合高等院校师生、工程技术人员和管理决策人员阅读, 特别适合作为高等院校相关专业本科生、硕士研究生、博士研究生的选修课教材.

图书在版编目(CIP)数据

可拓创新方法/杨春燕著. —北京: 科学出版社, 2017.3
(可拓学丛书)
ISBN 978-7-03-051103-4

Ⅰ.①可⋯ Ⅱ.①杨⋯ Ⅲ.①创造学-产品设计 Ⅳ.①G305

中国版本图书馆 CIP 数据核字(2016) 第 309156 号

责任编辑: 王丽平 / 责任校对: 张凤琴
责任印制: 吴兆东 / 封面设计: 陈 敬

科学出版社 出版
北京东黄城根北街 16 号
邮政编码: 100717
www.sciencep.com

北京中石油彩色印刷有限责任公司印刷
科学出版社发行 各地新华书店经销

*

2017 年 3 月第 一 版 开本: 720×1000 1/16
2025 年 2 月第十五次印刷 印张: 13 3/4
字数: 256 000

定价: 79.00 元
(如有印装质量问题, 我社负责调换)

《可拓学丛书》序一

人类的历史是一部解决矛盾问题、不断开拓的历史. 可拓学研究用形式化的模型分析事物拓展的可能性和开拓创新的规律, 形成解决矛盾问题的方法, 对于提高人类智能有重要的意义. 根据这些研究成果, 探讨用计算机处理矛盾问题的理论和方法, 对于提高机器智能的水平有重要的价值. 可拓学的研究正是基于这种目的而进行的.

可拓学选题始于 1976 年, 1983 年发表首篇论文 "可拓集合和不相容问题". 十多年来, 在广大可拓学研究者的努力下, 经历了无数的艰辛, 逐步形成了可拓论的框架, 开展了在多个领域的应用研究, 一个新学科的轮廓已经形成.

近年来, 不少学者加入了建设这一新学科的行列. 可拓学的应用研究和普及推广迫切需要一批介绍可拓学的书籍, 供研究者参考. 为此, 我们组织了《可拓学丛书》的编写, 希望通过这套丛书, 把可拓学介绍给广大学者.

诚然, 目前可拓学还未完全成熟, 可拓学的研究水平还不高, 理论体系还要进一步建设, 应用研究还需深入进行, 大量的问题尚待解决. 因此, 这套丛书只能起抛砖引玉的作用. 我们希望通过这套丛书, 为广大学者提供可拓学的初步知识和思维方法, 并提供研究的课题.

我们相信, 本丛书的出版将会吸引更多学者加入可拓学的研究行列, 成为可拓学研究的生力军, 推动可拓学的完善和发展. 我们也希望广大读者对本丛书提出宝贵意见, 为可拓学的建设添砖加瓦.

中国人工智能学会可拓工程专业委员会主任
国家级有突出贡献的专家
新学科可拓学的创立者
蔡 文
2002 年 6 月

《可拓学丛书》序二

"可拓学"是以蔡文教授为首的我国学者们创立的新学科,它用形式化的模型,研究事物拓展的可能性和开拓创新的规律与方法,并用于处理矛盾问题.

经过可拓学研究者们多年的艰苦创业、共同奋斗,可拓学已初具规模,包括可拓论、可拓创新方法、可拓工程等.在理论和方法研究上取得了创新性、突破性的研究成果,在实际应用中,具有多领域、多类型的成功事例.可拓学及其应用已引起国内外学术界的广泛关注,具有一定的影响.其主要成果如下:

★ 可拓论 包括基元理论、可拓集合理论和可拓逻辑.

基元理论提出了描述事、物和关系的基本元——"事元""物元"和"关系元",讨论了基元的可拓性和可拓变换规律,研究了定性与定量相结合的可拓模型,提供了描述事物变化与矛盾转化的形式化语言.基元理论为知识表示提供了新的形式化工具,可拓模型为人工智能的问题表达提供了定性与定量相结合的模型,对人工智能的发展有重要的意义.

可拓集合论是传统集合论的一种开拓和突破.它是描述事物"是"与"非"的相互转化及量变与质变过程的定量化工具,可拓集合的可拓域和关联函数使可拓集合具有层次性与可变性,从而为研究矛盾问题、发展定量化的数学方法——可拓数学和可拓逻辑奠定基础.

可拓逻辑是研究化矛盾问题为不矛盾问题的变换和推理规律的科学,它是可拓学的逻辑基础.

★ 可拓创新方法 是可拓论应用于实际的桥梁.在可拓学研究过程中提出了基于可拓论的多种可拓创新方法,如发散树、分合链、相关网、蕴含系、共轭对等方法;优度评价方法;基本变换、复合变换和传导变换等可拓变换方法;菱形思维方法及转换桥方法等.

★ 可拓工程 将可拓创新方法应用于工程技术、社会经济、生物医学、交通环保等领域,与各学科、各专业的方法和技术相结合,发展出各领域的应用技术,统称为"可拓工程".可拓工程研究的基本思想是用形式化的方法处理各领域中的矛盾问题,化不可行为可行,化不相容为相容.近年来,可拓学在计算机、人工智能、检测、控制、管理和决策等领域进行的应用研究取得了良好的成绩. 实践证明, 可拓学的发展及应用, 具有广阔的前景.

《可拓学丛书》的出版, 总结了多年来可拓学在理论和应用上的研究成果, 这对于可拓学的应用和普及具有重要的意义. 它将推动可拓学研究的深入和发展. 虽然可拓学研究目前已经取得了初步的成绩, 但是还有许多工作要做, 也可能遇到各种各样的困难和挫折. 尽管科学的道路是不平坦的, 但前途是光明的. 特赋诗一首以祝贺《可拓学丛书》的出版：

人工智能天地广,
可拓工程征途长.
中华学者勇创新,
敢教世界看东方.

中国人工智能学会荣誉理事长
《可拓学丛书》编委会主任
涂序彦
2002 年 6 月

前言

时光如梭. 转瞬间, 我专职从事中国原创性学科可拓学的理论、方法与应用研究工作已经整整 20 年了! 其间经历了可拓学发展的各种顺境和逆境, 见证了可拓学的成长壮大.

随着可拓学理论研究的不断完善, 应用研究和普及推广工作日益迫切, 国际化和社会化的任务也日益繁重. 随着可拓学研究队伍的不断壮大, 各领域应用可拓创新方法的人员越来越多, 更迫切需要一本便于学习和应用的专门介绍可拓创新方法的著作.

本书是在 2007 年科学出版社出版的专著《可拓工程》、2014 年出版的《可拓学》, 以及多年来为研究生开设"可拓创新方法"课程的讲义的基础上撰写而来的. 写作本书的目的是为初学者提供可用于创新或解决矛盾问题的可操作方法, 相关理论仅作为预备知识简单介绍. 有需要深入学习可拓学理论的读者, 可参考文献《可拓学》.

第 1 章介绍可拓创新方法概述, 第 2 章介绍创新的入手点——可拓模型建立方法, 第 3 章介绍创意生成的依据 (1)——拓展分析方法, 第 4 章介绍创意生成的依据 (2)——共轭分析方法, 第 5 章介绍创意生成的工具——可拓变换方法, 第 6 章介绍创意的评价选优——优度评价方法, 第 7 章介绍解决矛盾问题的可拓创意生成方法, 第 8 章介绍产品可拓创意生成方法. 各部分内容都以若干案例来帮助读者理解各种基本方法及其应用, 每章后面都配备了思考与练习题.

本书也是我承接的国家自然科学基金资助项目 (61273306) 和广东省科技计划项目 (2012B061000012, 2016A040404015) 的有关研究成果的总结. 期望本书能为高等院校和科研单位的教学科研人员、企业产品创新人员和管理者提供创新和解决矛盾问题的工具, 更期望他们能将这些方法与自己的研究领域相结合, 提出更多适合于各专业的可拓创新方法.

感谢可拓学创始人蔡文研究员在本书写作过程中给予的大力支持, 他为本书审稿, 并提出很多宝贵的意见和建议! 感谢国家自然科学基金委员会和广东省科学技术厅对我的研究工作给予的大力支持! 感谢广东工业大学为我提供的宽松的科研环境！感谢广东工业大学可拓学与创新方法研究所汤龙博士在本书修改过程中给予的大力支持！感谢我的研究生李志明、齐宁宁、廖勇强、罗良维为本书提供的部分案例！感谢广东工业大学计算机学院的李卫华教授和李小妹博士多年来的密切合作！

感谢科学出版社和《可拓学丛书》全体编委的辛勤工作！

在本书即将出版之际，要特别感谢与我风雨同舟 30 年、给予我无限包容与支持的先生王勇杰教授！是他的大力支持，才使我有勇气面对事业中的各种挫折，让我收获了丰硕的成果.

由于本人才疏学浅，疏漏乃至错误之处在所难免，恳请读者批评指正.

作 者

2016 年 3 月 10 日

主要符号说明

符号	意义
$M = (O_m, \ c_m, \ v_m)$	一维物元
$M(t) = (O_m(t), \ c_m, \ v_m(t))$	一维参变量物元
$A = (O_a, \ c_a, \ v_a)$	一维事元
$A(t) = (O_a(t), \ c_a, \ v_a(t))$	一维参变量事元
$M = \begin{bmatrix} O_m, & c_{m1}, & v_{m1} \\ & c_{m2}, & v_{m2} \\ & \vdots & \vdots \\ & c_{mn}, & v_{mn} \end{bmatrix} = (O_m, \ C_m, \ V_m)$	n 维物元
$A = \begin{bmatrix} O_a, & c_{a1}, & v_{a1} \\ & c_{a2}, & v_{a2} \\ & \vdots & \vdots \\ & c_{an}, & v_{an} \end{bmatrix} = (O_a, \ C_a, \ V_a)$	n 维事元
$R = \begin{bmatrix} O_r, & c_{r1}, & v_{r1} \\ & c_{r2}, & v_{r2} \\ & \vdots & \vdots \\ & c_{rn}, & v_{rn} \end{bmatrix} = (O_r, \ C_r, \ V_r)$	n 维关系元
$B = (O, \ c, \ v)$	一维基元
$(c, \ v)$	特征元
$B(t) = (O(t), \ c, \ v(t))$	一维参变量基元
$B = (O, \ C, \ V) = \begin{bmatrix} \text{Object}, & c_1, & v_1 \\ & c_2, & v_2 \\ & \vdots & \vdots \\ & c_n, & v_n \end{bmatrix}$	n 维基元

续表

符号	意义
$B(t) = (O(t),\ C,\ V(t)) = \begin{bmatrix} O(t), & c_1, & v_1(t) \\ & c_2, & v_2(t) \\ & \vdots & \vdots \\ & c_n, & v_n(t) \end{bmatrix}$	n 维参变量基元
$\{B\} = (\{O\},\ C,\ V) = \begin{bmatrix} \{O\}, & c_1, & V_1 \\ & c_2, & V_2 \\ & \vdots & \vdots \\ & c_n, & V_n \end{bmatrix}$	n 维类基元
$T\varGamma = \varGamma'$	置换变换
$T_1\varGamma = \varGamma \oplus \varGamma_1$	增加变换
$T_2\varGamma = \varGamma \ominus \varGamma_1$	删减变换
$T\varGamma = \alpha\varGamma$	扩缩变换
$T\varGamma = \{\varGamma_1, \varGamma_2, \cdots, \varGamma_n | \varGamma_1 \oplus \varGamma_2 \oplus \cdots \oplus \varGamma_n = \varGamma\}$	分解变换
$T\varGamma = \{\varGamma,\ \varGamma^*\}$	复制变换
T_φ 或 $_\varphi T$	主动变换 φ 的一阶传导变换
$T_{\varphi(n)}$	主动变换 φ 的 n 阶传导变换
$_{\varGamma_1}T_{\varGamma_2}$	$\varGamma_1$ 的变换引起 $\varGamma_2$ 的传导变换
$\varphi \Rightarrow_0 T_1 \Rightarrow_1 T_2 \Rightarrow \cdots \Rightarrow_{n-2} T_{n-1} \Rightarrow_{n-1} T_n$	φ 的 n 次传导变换
$T_2 T_1$	T_1 和 T_2 的积变换
T^{-1}	变换 T 的逆变换
$T_1 \wedge T_2$	T_1 和 T_2 的与变换
$T_1 \vee T_2$	T_1 和 T_2 的或变换
$c(\varphi) = c(B_0') - c(B_0)$	φ 关于特征 c 对于基元 B_0 的主动变量
$c(T_\varphi) = c(B') - c(B)$	φ 关于特征 c 对于基元 B 的一阶传导效应
$\tilde{E}(T)$	可拓集
E_+	$\tilde{E}$ 的正域

续表

符号	意义
E_-	$\tilde{E}$ 的负域
E_0	$\tilde{E}$ 的零界
$E_+(T)$	$\tilde{E}(T)$ 的正可拓域
$E_-(T)$	$\tilde{E}(T)$ 的负可拓域
$E_+(T)$	$\tilde{E}(T)$ 的正稳定域
$E_-(T)$	$\tilde{E}(T)$ 的负稳定域
$E_0(T)$	$\tilde{E}(T)$ 的拓界
$\tilde{E}(B)(T)$	基元可拓集
$y = k(u)$	$\tilde{E}(T)$ 的关联函数
$y' = T_k k(T_u u)$	$\tilde{E}(T)$ 的可拓函数
$\langle a, b \rangle$	a 与 b 形成的区间,既可表示开区间,也可表示闭区间或半开半闭区间
$\rho(x, x_0, X)$	x 与区间 X 关于 x_0 的可拓距
$D(x, x_0, X_0, X)$	x 关于点 x_0 和区间 X 与 X_0 组成的区间套的位值
$P = G * L, G \uparrow L$	不相容问题
$P = (G_1 \wedge G_2) * L, (G_1 \wedge G_2) \uparrow L$	对立问题
$\text{re}(O_m)$	物 O_m 的实部
$\text{im}(O_m)$	物 O_m 的虚部
$\text{hr}(O_m)$	物 O_m 的硬部
$\text{sf}(O_m)$	物 O_m 的软部
$\text{lt}(O_m)$	物 O_m 的显部
$\text{ap}(O_m)$	物 O_m 的潜部
$\text{ps}_c(O_m)$	物 O_m 的正部
$\text{ng}_c(O_m)$	物 O_m 的负部
$=$	相等
$\neq$	不相等

续表

符号	意义
~	相关
$\overrightarrow{\sim}$	有向相关
⇒	蕴含
⊣	发散
⊕	和
⊗	积
⊖	差
//	分解
@	存在、实现
$\overline{@}$	不存在、不实现
∧	与运算
∨	或运算
¬	非运算
$A \dashv B$	由 A 发散出 B
$\overline{B}$ 或 $\neg B$	B 的非基元
$\overline{M}$ 或 $\neg M$	M 的非物元
$\overline{A}$ 或 $\neg A$	A 的非事元
$\overline{R}$ 或 $\neg R$	R 的非关系元

目录

《可拓学丛书》序一
《可拓学丛书》序二
前言
主要符号说明
第1章 可拓创新方法概述 ··1
　1.1 可拓学简介 ···1
　1.2 可拓创新方法体系及其基本特征 ···3
　1.3 可拓创新方法简介 ··5
　1.4 可拓创新方法的应用推广概况 ···8
　思考与练习 ···9
第2章 创新的入手点——可拓模型建立方法 ··10
　2.1 产品的模型化表示 —— 物元 ···10
　2.2 产品功能的模型化表示 —— 事元 ···15
　2.3 产品结构的模型化表示 —— 关系元 ··18
　2.4 复杂事物的模型化表示 ···21
　思考与练习 ···25
第3章 创意生成的依据(1)——拓展分析方法 ··26
　3.1 发散树方法 ··26
　3.2 相关网方法 ··35
　3.3 蕴含系方法 ··40
　3.4 分合链方法 ··47
　思考与练习 ···55
第4章 创意生成的依据(2)——共轭分析方法 ··56
　4.1 物的共轭部与共轭规则 ···56
　4.2 共轭对方法 ··59
　思考与练习 ···68

第 5 章　创意生成的工具——可拓变换方法 ····· 69
- 5.1　基本可拓变换方法 ····· 70
- 5.2　可拓变换的基本运算方法 ····· 89
- 5.3　传导变换方法 ····· 96
- 5.4　共轭变换方法 ····· 103
- 5.5　复合变换方法 ····· 112
- 思考与练习 ····· 116

第 6 章　创意的评价选优——优度评价方法 ····· 118
- 6.1　预备知识 ····· 118
- 6.2　单指标优度评价方法 ····· 125
- 6.3　一级多指标优度评价方法 ····· 129
- 6.4　多级优度评价方法 ····· 134
- 思考与练习 ····· 144

第 7 章　解决矛盾问题的可拓创意生成方法 ····· 145
- 7.1　预备知识 ····· 145
- 7.2　问题的界定方法及问题的可拓模型 ····· 153
- 7.3　解决不相容问题的可拓创意生成方法 ····· 157
- 7.4　解决对立问题的转换桥方法 ····· 165
- 思考与练习 ····· 168

第 8 章　产品可拓创意生成方法 ····· 170
- 8.1　可拓创新四步法 ····· 170
- 8.2　第一创造法 —— 从消费者的需要出发生成新产品创意 ····· 176
- 8.3　第二创造法 —— 从现有产品出发生成新产品创意 ····· 183
- 8.4　第三创造法 —— 从产品的缺点出发生成新产品创意 ····· 190
- 思考与练习 ····· 200

参考文献 ····· 202

第 1 章 可拓创新方法概述

内容提要

可拓学是由中国学者蔡文研究员于1983年提出的一门原创性横断学科,该学科以形式化的模型,探讨事物拓展的可能性以及开拓创新的规律与方法,并用于解决矛盾问题. 所谓矛盾问题,就是指在现有条件下无法实现人们要达到的目标的问题.

创新的核心是创意. 创新方法是自主创新的根本之源. 可拓学告诉我们:创意的产生是有规律可循、有方法可依的!

可拓创新方法是用于生成创意的方法,它利用可拓学的基本理论,建立了方便、易学、易操作的模型化与定量化相结合的方法,它可以告诉你创新的入手点在哪里,创意生成的依据是什么,创意生成的工具有哪些,创意如何评价选优等,可用于各领域的创新和解决矛盾问题.

1.1 可拓学简介

可拓学的研究对象是矛盾问题,基本理论是可拓论,方法体系是可拓创新方法(也称可拓方法),逻辑基础是可拓逻辑,与各领域的交叉融合形成可拓工程. 可拓论、可拓创新方法和可拓工程构成了可拓学.

可拓学的学科框架如图 1.1.1 所示.

可拓学是数学、哲学与工程学交叉的一门新兴学科,与控制论、信息论、系统论一样,是一门涉及范围广泛的横断学科. 如同有数量关系与空间形式的地方,就有数学的存在一样,有矛盾问题存在的地方,就有可拓学的用武之地. 它在各门学科和工程技术领域中应用的成效,不在于发现新的实验事实,而在于提供一种新的思想和方法.

1998 年,中国科学院权威杂志《科学通报》发表"评《可拓工程方法》",指出:"可拓学是一门充满生命力的新学科,它的创立是中国人的骄傲,它不仅属于中国,更属于世界."1999 年,发表"可拓论及其应用";2013 年,发表"评可拓学"和特约评述"可拓学的基础理论与方法体系",全面介绍可拓学. 成果"可拓论及其应用"

已由我国最高科学技术奖获得者、中国科学院吴文俊院士为主任和中国工程院李幼平院士为副主任的鉴定委员会作出正式鉴定, 鉴定指出:"**经历多年连续研究, 蔡文教授等人已经建立一门横跨哲学、数学与工程的新学科——可拓学, 它是一门由我国科学家自己建立的、具有深远价值的原创性学科.**"

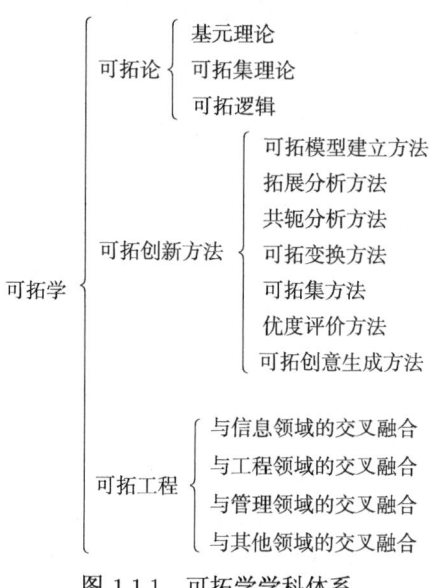

图 1.1.1　可拓学学科体系

2011 年, 成果 "可拓论及其应用" 获首届吴文俊人工智能科学技术奖创新一等奖. 该成果由中华人民共和国科技部科技成果管理办公室正式向世界公布, 指出: "**本项目是一项原始性创新研究, 在海内外同类研究中, 处于领先和指导的地位.** 目前, 很多领域的学者利用本项目的成果研究各自专业中的问题, 取得多项成果. 海外不少学者前来学习本项目的成果, 并介绍到海外. 可拓学已从理论研究发展到多个领域的应用研究, 它们有广阔的应用前景."

国家自然科学基金委员会发布消息指出: "原创性学科可拓学的创立与发展表明: **中国人有能力进行原始性创新研究**—— 国家自然科学基金是支持源头创新研究的有力保证."

《人民日报》《光明日报》《科学时报》等曾先后对可拓学作出详细介绍 (见可拓学网站 http://extenics.gdut.edu.cn/).

在理论研究方面, 自 1983 年以来, 可拓学研究者们逐步建立了学科的理论体系和方法体系, 已在科学出版社等出版了 16 部专著 (包括《可拓学丛书》), 发表了一批论文, 还出版了英文版和繁体字版的专著. 由中国的科学出版社和美国教育出版社联合出版的英文版专著 *Extenics: Theory, Method and Application*, 被美国国会图书馆馆藏,并作为 5 期国际可拓学研究学者的学习用书.

在应用研究方面,中国科学技术协会在 2008 年和 2010 年的《学科发展报告》中发布了可拓学在计算机、管理、控制与检测等领域的应用研究成果,包括在《可拓策略生成系统》《可拓集与可拓数据挖掘》《可拓营销》《可拓策划》《可拓数据挖掘方法及其计算机实现》《可拓设计》等一批专著和论文中,可拓学研究者还申请了相关专利,研制了一批可拓软件.

据不完全统计,截至 2015 年,国家自然科学基金资助的有关可拓学的理论研究和应用研究项目 73 项;已有不同领域的 40 余本著作应用可拓学处理各专业的问题;截至 2015 年,有关可拓学的国内期刊论文共 4277 篇,有关可拓学的博士、硕士学位论文共 1407 篇.

在队伍建设方面,可拓学研究队伍已经遍布 20 多省市和海外,民政部批准成立了中国人工智能学会可拓学专业委员会,建立了专职从事可拓学研究的广东工业大学可拓学与创新方法研究所,1993 年起,通过招收国内和国际可拓学研究学者到研究所学习、研究可拓学,培养可拓学研究骨干,国内研究学者已经招收 19 期,国际研究学者招收 5 期. 国际学者包括美国、印度、罗马尼亚等国的教授、博士和工程师. 美国教授回国后撰写了可拓学专著在美国出版,罗马尼亚科学院教授与我们合作的成果获日内瓦国际发明博览会金奖.

在国际学术交流方面,蔡文研究员和杨春燕研究员等可拓学研究者先后到西班牙、罗马尼亚、法国、美国和日本介绍可拓学,两次到台湾举办可拓学讲习班,在香港大学等介绍可拓学. 首届"可拓学与创新方法国际研讨会"于 2013 年 8 月在北京成功召开,可拓学正在逐步走向海外.

30 多年来,可拓学从一个人的学术思想、一篇论文发展成为一门具有较成熟理论框架的新学科,相当一批学者参与了该学科的建设工作. 随着研究的深入,可拓学将在国民经济和社会发展中发挥积极的作用.

经过多年的努力,可拓学研究工作经历了以概念与思想的提出、基础理论框架的建立为主的两个阶段. 目前,开始进入应用研究和理论研究相结合的阶段. 但是,要使可拓学成为一门成熟的学科,还要做大量艰苦、认真的工作.

由于可拓学是中国原创的新学科,正在逐步由中国走向海外,因此,目前国际可拓学的研究水平,中国还处于领先地位,还代表着国际最新的进展. 如果我们在可拓学研究方面加强研究力度,有可能取得走在世界前面的突破性技术成果.

1.2 可拓创新方法体系及其基本特征

可拓学从新的角度为人们认识和分析现实世界、解决现实世界中的矛盾问题,提出一种新的方法论,形成了可拓创新方法体系,如图 1.2.1 所示.

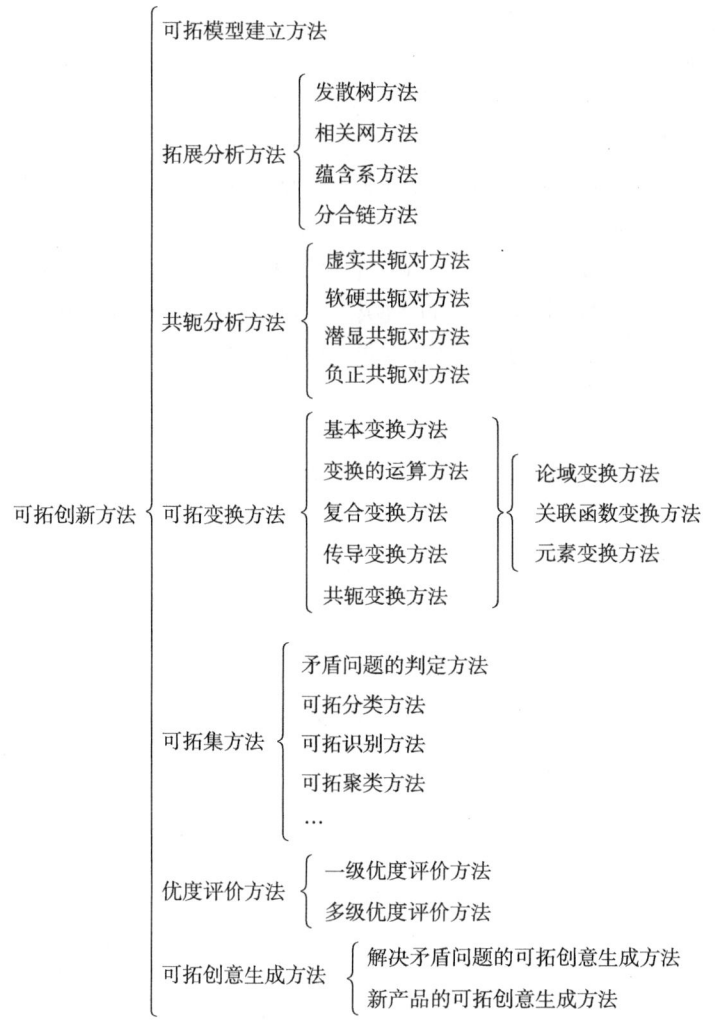

图 1.2.1 可拓创新方法体系

该方法体系的基本特征有:

(1) **形式化、模型化特征** 社会科学研究矛盾问题采用自然语言. 为了使人们能够按照一定的程序推导出解决问题的策略, 为了让计算机帮助人们生成解决矛盾问题的策略, 可拓学采用形式化语言表达事、物、关系和问题, 建立问题的可拓模型, 表达量变和质变的过程以及临界状态, 表达生成策略的过程和奇谋妙计, 从而能描述解决矛盾问题的过程. 它是用符号方式反映研究对象内在关系的模型, 是一种抽象模型.

(2) **可拓展、可收敛特征** 在一定条件下, 任何对象都是可拓展的, 拓展出来的对象又是可收敛的, 这是可拓学方法论的重要特征, 它符合人类解决矛盾问题的 "发

散 → 收敛" 的思维模式, 称为菱形思维模式. 多级菱形思维模式表达了 "发散 → 收敛 → 再发散 → 再收敛" 的过程. 由于人们的创造性思维过程包括发散性思维和集中性思维, 所以它可以作为研究思维过程, 特别是创造性思维过程的形式化工具.

(3) **可转换、可传导特征**　可拓学研究事物的质与量的可变性、"是" 与 "非" 的可转化性, 不仅研究直接变换和变换的形式化, 而且研究变换的传导作用. 用形式化、定量化的工具研究化不相容问题为相容问题的策略生成、化对立问题为共存问题的转换桥, 以及传导矛盾问题求解的方法, 是可拓学方法论的重要特征.

(4) **整体性、综合性特征**　可拓学用形式化模型从四个角度对事物的整体进行了共轭分析, 研究全面认识事物的共轭分析方法, 既体现了中国古代的系统观和整体论的思想, 也结合了还原论的分析方法; 基元概念体现了质与量的有机结合, 利用全征基元又可从整体的角度分析事物; 在可拓集中, 用关联函数值的变化表达了量变与质变的过程, 而对论域的变换又体现了从整体的角度处理矛盾问题的思想.

1.3 可拓创新方法简介

可拓创新方法体系中的各类方法简介如下.

1. 可拓模型建立方法

为了使人们能够按照一定的程序推导出新产品创意或得到解决矛盾问题的策略, 并进一步让计算机帮助人们生成新产品创意或解决矛盾问题的策略, 可拓学采用形式化语言表达事、物、关系和问题, 建立了以基元 (对象、特征、量值) 为逻辑细胞的形式化模型, 称为可拓模型. 它是用符号方式反映研究对象内在关系的模型, 是一种抽象模型.

问题可拓模型的建立方法: ①把研究对象用基元或复合元形式化表达; ②界定问题的目标和条件; ③用基元或复合元描述问题的目标和条件, 从原问题抽象出核问题; ④建立问题的矛盾度函数, 用以判断问题的矛盾程度.

本书为了方便读者阅读和学习, 在第 2 章可拓模型建立方法中, 只介绍研究对象的可拓模型建立方法, 不介绍问题可拓模型建立方法 (这部分内容放到第 7 章介绍).

2. 拓展分析方法

创新的过程, 也是解决各种各样矛盾问题的过程. 只有把问题所涉及的对象看成可以拓展的, 才能找到解决矛盾问题的多种途径. 为使解决矛盾问题的过程形式化、模型化, 用基元作为描述物、事和关系的形式化工具, 建立了表达事物拓展规律的拓展分析方法. 该方法可以使人们摆脱习惯领域的束缚, 更是利用计算机解决矛盾问题、提高机器智能的重要方法. 拓展分析方法主要包括: 发散树方法, 相关网方法, 蕴含系方法和分合链方法.

3. 共轭分析方法

无论是产品创新, 还是技术创新、组织创新等, 都离不开对事物的分析. 从不同角度分析事物, 会得到不同的创新方案. 在可拓学中, 建立了从物质性、系统性、动态性和对立性 (统称为共轭性) 四个方面分析物的方法, 称为共轭分析方法. 该方法利用物元和关系元作为形式化工具, 可以对物的 "虚部、实部与虚实中介部" "软部、硬部与软硬中介部" "潜部、显部与潜显中介部" "负部、正部与负正中介部" 进行形式化定性分析, 通过对物的各共轭部及其相互关系和相互转化的分析, 可以得到解决矛盾问题的多种策略. 共轭分析方法为人们全面分析物的结构提供了新的视角, 也是某些解决矛盾问题的奇谋妙计的源泉. 共轭分析方法立足于整体论与还原论相结合的思想.

共轭分析方法也称为共轭对方法, 包括: 虚实共轭对方法、软硬共轭对方法、潜显共轭对方法、负正共轭对方法.

4. 可拓变换方法

可拓变换是创新的工具. 在对变换的研究中, 既要讨论其变换的形式, 也要讨论变换的主体、变换的方法、工具、时间和地点, 即需要从定性和定量两个角度去研究变换的形式和内涵; 既要研究直接的变换, 也要研究间接的传导变换; 既要研究数量的变换, 也要研究特征的变换和对象本身的变换; 基于研究对象间的相关性, 还必须研究传导变换的形式、内涵和传导效应.

(1) 从变换的方式考虑, 可拓变换方法包括基本变换方法、变换的运算方法、变换的复合方法和传导变换方法.

(2) 从变换的对象考虑, 可拓变换方法包括论域的变换方法、关联准则的变换方法和论域中的元素的变换方法. 如果变换的对象是物, 根据物的共轭分析, 可拓变换方法还包括共轭部的变换和共轭部的传导变换, 称为共轭变换方法.

(3) 从矛盾问题的可拓模型的构成考虑, 可拓变换包括对目标的变换和条件的变换.

通过可拓变换方法, 不相容问题可以转化为相容问题, 对立问题可以转化为共存问题, 不可知问题可以转化为可知问题, 不可行问题可以转化为可行问题, 假命题可以转化为真命题, 错误的推理可以转化为正确的推理. 这些变换就是通常所说的点子、窍门和办法. 对可拓变换方法的研究, 结合关联函数的建立方法, 为把解决矛盾问题的过程形式化、定量化提供了可操作的工具.

5. 可拓集方法

可拓集方法是从动态的、转化的角度对研究对象进行分类、识别和聚类的方法。可拓变换和关联函数是可拓集的两个重要组成部分。针对不同的可拓变换，可拓集有不同的质变域和量变域，就有不同的分类、识别和聚类形式，它形式化、定量化地揭示了矛盾问题的转化过程和转化结果，使分类、识别、聚类具有动态性和可转化性，更符合人类的思维模式和实际情况。

可拓集方法主要包括矛盾问题的判定方法、可拓分类方法、可拓识别方法和可拓聚类方法。可拓集方法是可拓数据挖掘方法的基础，是利用计算机对数据库中大量数据进行处理，以获取可拓知识的依据。由于本书侧重于创新方案的生成，因此不单独介绍可拓集方法，将在第 6 章和第 7 章中介绍所需要的知识，有兴趣的读者，可以参考文献 [10] 进行学习。

6. 优度评价方法

优度评价方法是综合多种衡量条件对某一对象、方案、策略等的优劣程度进行综合评价的实用方法。优度评价方法用关联函数来计算各衡量条件符合要求的程度，由于关联函数的值可正可负，因此这样建立的优度可以反映一个对象利弊的程度，使得评价更符合实际。

对单个衡量指标的情况，针对衡量指标的实际要求，可选择简单关联函数、初等关联函数、离散型关联函数、区间型关联函数等。对多个衡量指标的情况，需要根据实际问题的要求和专业知识，建立综合关联函数，以计算各待评对象的综合优度，从而判别待评对象的优劣或等级。其中权系数的确定方法可根据具体问题选择合适的方法。

优度评价方法包括一级优度评价和多级优度评价。一级优度评价方法中，衡量指标不分级；多级优度评价方法应用于衡量指标很多的情形，首先要对衡量指标进行分级，再对各级衡量指标赋予权重，然后对评价对象进行综合评价。

7. 可拓创意生成方法

创意的产生是一个创造性的思维过程，它遵循"菱形思维模式"，即"先发散，后收敛"的模式。对于其发散过程，一般人认为是比较难以把握的，似乎没有规律可循。实际上，在进行了恰当的问题界定之后，利用拓展分析、共轭分析和可拓变换，可以用形式化的方法，甚至借助计算机形成多种创意思路。这是发散过程的一种非常可行的形式化方法，对创意的产生有极大的帮助。

可拓创意生成主要包括两类：

(1) **解决矛盾问题的可拓创意生成方法** 目前重点研究了解决不相容问题的创意生成方法，又称可拓策略生成方法；解决对立问题的创意生成方法，又称转换桥方法.

(2) **新产品新项目的可拓创意生成方法** 总结归纳出了便于人们学习掌握、便于推广应用的"可拓创新四步法",即"建模—拓展—变换—评价",可以告诉人们创意从何而来、如何获得以及如何确定满意可行的创意. 在产品创新方面,建立了形式化、定量化、流程化生成新产品创意的三个创造法,这些创造法都可以开发成产品创新系统,辅助产品创新人员创造新产品.

可拓创新方法体系的建立和初步的应用实践说明,经过进一步的深入研究,应用可拓创新方法把人的创造性思维过程形式化和定量化是可行的,矛盾问题的智能化处理是可以实现的. 可拓创新方法体系的进一步完善,必将推动思维科学、决策科学和智能科学的发展,必将提高这些相关学科研究的科学性和可操作性.

1.4 可拓创新方法的应用推广概况

经过多年的研究,可拓创新方法已逐步成熟,目前已在工程技术领域、信息科学与智能科学领域、经济与管理领域等得到广泛的应用,已在机械、建筑、日用品等的产品创新、技术创新、管理创新、组织创新等方面发挥重要作用. 可拓创新方法是形式化、定量化研究各领域创新过程中的矛盾问题处理的有效方法,这恰是可拓创新方法可以软件化的前提. 随着可拓逻辑研究的进行,已有多领域的可拓软件面世,如可拓策略生成系统软件、可拓数据挖掘软件、可拓设计软件等. 另外,随着可拓控制、可拓检测等研究的开展,很多学者也开始应用可拓创新方法研究硬件产品的开发,获得不少相关专利.

可拓创新方法把人类解决矛盾问题的过程程式化,为人们用形式化模型"发现问题→建立问题模型→分析问题→生成解决问题的策略"提供了方法,这也是可拓创新方法可以进行社会化推广应用的前提.

通俗书籍《创意的革命》和《不按牌理出牌》的出版,网上播出的《智力的革命》和《可拓学》视频,为可拓学社会化准备了一定的宣传认知条件.《人民日报》《光明日报》《经济日报》《科学时报》等多家媒体对可拓学进行了报道. 多所大学培养以可拓学为研究方向的研究生,开设可拓学课程和公共选修课. 在中国大陆、香港和台湾举办多期可拓学研习班、研讨会和可拓创新训练营,对多家企业进行了可拓创新方法培训,已获得一批应用可拓创新方法的专利和软件著作权,在若干领域积累了良好的应用基础.

近年来,为了进一步在企业界和中小学普及推广可拓创新方法,建立了方便易学的"可拓创新四步法". 这一方法的特点是:①大众化,方便易学;②便于操作;③可以运用计算机帮助生成创意.

2012 年开始,在深圳举办了两期"企业可拓创新方法骨干培训班",共有百余人参加了初级培训. 2014 年开始, 分别在广州、济南、北京举办三期 "可拓创新训练营师资培训班", 培训初级班师资近 120 人. 在广州、大庆、深圳、北京、南昌、大连、哈尔滨、宁波、中山、烟台等地先后举办了多次可拓学讲座和培训班、研讨会. 目前已有部分师资开始进行企业可拓创新方法培训和青少年可拓创新方法培训, 并取得了很好的效果.

2015 年 6 月在广州成功召开 "可拓创新方法应用座谈会" 和 "中国的创造法 —— 可拓创新方法" 报告会, 来自全国各地 (包括中国香港) 的高等院校专家学者和多家企业的负责人、罗马尼亚机器人专家出席了本次座谈会和报告会.

可拓创新方法体系的建立和初步的应用实践说明, 该体系的进一步完善, 将为各领域的创新活动提供形式化、流程化、可操作的方法, 对技术创新、发明创造等的形式化、定量化研究有非常重要的应用价值.

可拓创新方法是由中国科学工作者自主提出的一种创新方法, 虽然传播和应用时间不长, 但已经显露出其应用价值, 在实践中已发挥重要作用. 通过推广可拓创新方法, 我国将在创新领域有更多的创新思想和方法, 推动我国创新事业的快速发展.

今后, 还有待于各界人士的共同努力, 使中国人提出的这一创新方法在社会上开花结果, 并推广到世界各地.

 思考与练习

1. 可拓学是由哪国学者创立的? 是一门什么学科? 可拓学的定义是什么?
2. 可拓学的研究对象是什么? 基本理论是什么? 方法体系是什么?
3. 可拓创新方法可用于做什么?

创新的入手点
——可拓模型建立方法

第 2 章

■ 内容提要

要进行创新,首先要寻找创新的入手点.创新,离不开对物、事和关系的分析.可拓学中建立了形式化、模型化表示物、事和关系的基本元——物元、事元和关系元,统称为基元,并可由它们构成形式化表示复杂事物的复合元.在此基础上,可进一步研究矛盾问题的可拓模型.

形式化的目的　便于标准化、精细化、数量化和计算机化.

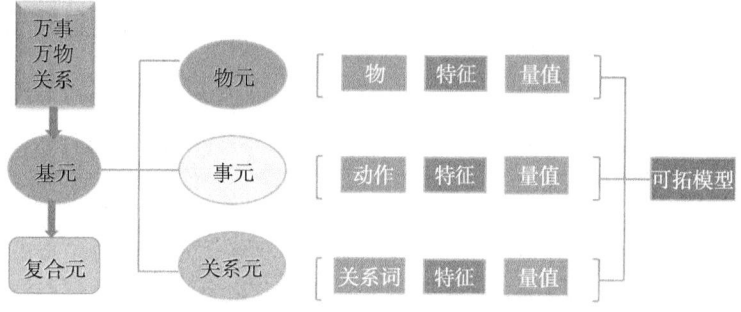

2.1　产品的模型化表示 —— 物元

问题与思考

◆ 给您一个茶杯,从它出发,您能想出多少新的茶杯?
◆ 这是一个产品创新问题,您会从哪里入手?
◆ 现有茶杯有多少特征?
您可能首先想到:颜色、材质、长度、高度、重量等.您还能想到哪些特征？对于具有茶杯专业知识的人而言，还可能指出茶杯的更多特征.

◆ 这个茶杯可以有多少种颜色？可用多少种材料？尺寸如何？

◆ 物、特征、量值的变化会产生各种各样的新东西. 可否把所有的物都形式化、模型化、规范化表示？是否有利于创新？

2.1.1 物元的定义

定义 2.1 以物 O_m 为对象，c_m 为特征，O_m 关于 c_m 的量值 v_m 构成的有序三元组

$$M = (O_m, c_m, v_m)$$

作为描述物的基本元，称为一维物元，O_m, c_m, v_m 三者称为物元 M 的三要素，其中 c_m 和 v_m 构成的二元组 (c_m, v_m) 称为物 O_m 的特征元.

在产品创新中，用物元作为模型化表示产品的工具.

例如，$M_1 = ($茶杯 D_1，材质，玻璃$)$，其中 (材质，玻璃) 为该一维物元的特征元.

$M_2 = ($手机 D_2，重量，300g$)$.

$M_3 = ($中国国旗 D_3，颜色，红色$)$.

任何物都具有多个特征，与一维物元相仿，可以定义多维物元.

定义 2.2 物 O_m，n 个特征 $c_{m1}, c_{m2}, \cdots, c_{mn}$ 及 O_m 关于 $c_{mi}(i=1,2,\cdots,n)$ 对应的量值 $v_{mi}(i=1,2,\cdots,n)$ 所构成的阵列

$$M = \begin{bmatrix} O_m, & c_{m1}, & v_{m1} \\ & c_{m2}, & v_{m2} \\ & \vdots & \vdots \\ & c_{mn}, & v_{mn} \end{bmatrix} = (O_m, C_m, V_m)$$

称为 n 维物元，其中

$$C_m = \begin{bmatrix} c_{m1} \\ c_{m2} \\ \vdots \\ c_{mn} \end{bmatrix}, \quad V_m = \begin{bmatrix} v_{m1} \\ v_{m2} \\ \vdots \\ v_{mn} \end{bmatrix}$$

例如，

$$M_1' = \begin{bmatrix} 茶杯D_1, & 材质, & 玻璃 \\ & 颜色, & 红色 \\ & 形状, & 圆柱体 \\ & 高度, & 10cm \end{bmatrix}$$

$$M_2' = \begin{bmatrix} 手机D_2, & 重量, & 300g \\ & 尺寸, & 4.5英寸① \\ & 品牌, & 三星 \end{bmatrix}$$

$$M_3' = \begin{bmatrix} 中国国旗D_3, & 颜色, & 红色 \\ & 形状, & 长方形 \\ & 图案, & 五星 \\ & 重量, & 100g \end{bmatrix}$$

物是随时间 t 变化的, 为此, 定义了动态物元.

定义 2.3 在物元 $M = (O_m, c_m, v_m)$ 中, 若 O_m 和 v_m 是时间 t 的函数, 称 M 为动态物元, 记作

$$M(t) = (O_m(t), c_m, v_m(t))$$

这时, $v_m(t) = c_m(O_m(t))$. 为了书写方便, 在不引起混淆的地方, 省略参数 t, 简记为 $v_m = c_m(O_m)$, 它描述了物与其关于某个特征的量值之间的关系.

对于多个特征, 有多维动态物元, 记作

$$M(t) = \begin{bmatrix} O_m(t), & c_{m1}, & v_{m1}(t) \\ & c_{m2}, & v_{m2}(t) \\ & \vdots & \vdots \\ & c_{mn}, & v_{mn}(t) \end{bmatrix} = (O_m(t), C_m, V_m(t))$$

例如, 某人的年龄、身高、体重等特征的量值都会随着时间 t 的变化而变化, 因此可用如下三维动态物元表示:

$$M_4(t) = \begin{bmatrix} 人D_4(t), & 年龄, & v_1(t) \\ & 身高, & v_2(t) \\ & 体重, & v_3(t) \end{bmatrix}$$

给定一物, 它关于任一特征都有对应的量值, 并且在同一时刻是唯一的. 当该量值不存在时, 用空量值 $\varnothing$ 表示. 如果物 O_m 关于特征 c_m 的量值为非空量值, 称 c_m 为 O_m 的非空特征.

---

① 1 英寸 = 2.54 厘米.

定义 2.4 称物 O_m 的一切非空特征所对应的物元

$$\begin{bmatrix} O_m, & c_{m1}, & v_{m1} \\ & c_{m2}, & v_{m2} \\ & \vdots & \vdots \\ & c_{mn}, & v_{mn} \\ & \vdots & \vdots \end{bmatrix}$$

为物 O_m 的全征物元, 记作 $\text{cp}M(O_m)$.

在确定的时刻, 物 O_m 的全征物元是唯一的. 对任意两个不同的物 O_{m1} 和 O_{m2}, 至少可以找到一个特征 c_m, 使 $c_m(O_{m1}) \neq c_m(O_{m2})$.

对两个物元 $M_1 = (O_{m1}, c_{m1}, v_{m1}), M_2 = (O_{m2}, c_{m2}, v_{m2})$ 当且仅当 $O_{m1} = O_{m2}, c_{m1} = c_{m2}, v_{m1} = v_{m2}$ 时, 称 M_1 和 M_2 相等, 记作 $M_1 = M_2$.

2.1.2 物元的要素

物元中的基本要素包括: 物、特征、特征元和量值. 要想从实际问题中准确提取出物元的这些要素, 必须明确物的分类、特征的分类和量值的分类.

1. 个物和类物

客观世界中存在各种各样的物, 它们都有许多特征. 物由于特征的差异形成了各种不同的类, 特征值在确定范围内 (或确定值) 的某些物形成了一类, 其他的则不属于该类.

按照物的外延, 物可以分为类物和个物, 如灯和台灯都是类物, 台灯是灯的子类, 台灯 D 就是一个具体的台灯, 是个物. 一般而言, 个物和类物关于同一个特征的量值是不同的, 例如, 台灯 D 的重量是 1kg, 而台灯关于重量的量值是一个区间, 如 $\langle 0, 4 \rangle$ kg, 关于颜色的量值是一个离散的集合.

用物元可以非常清楚地表达如下:

$$M_1 = \begin{bmatrix} 台灯D, & 重量, & 1\text{kg} \\ & 颜色, & 白色 \end{bmatrix}$$

$$\{M\} = \begin{bmatrix} \{台灯\}, & 重量, & \langle 0, 4 \rangle \text{ kg} \\ & 颜色, & \{白色, 红色, \cdots, 蓝色\} \end{bmatrix}$$

上述形式化表示类物的物元称为类物元.

说明 1 任何一个物常常是由很多部件组成的, 因此在构造物元时, 首先要写出该物整体的特征和量值构成的物元, 然后要把物分解为部件, 再写出各部件物元.

例如, 台灯由灯罩、灯座和灯杆组成, 在对台灯进行创新时, 除了要用物元表述台灯整体, 还要将其部件用物元表述, 这样更有利于创新.

2. 特征和特征元

特征是一个客体或一组客体特性的抽象结果. 特征是用来描述概念的. 任一客体或一组客体都具有众多特性, 人们根据客体所共有的特性抽象出某一概念, 该概念便成为了特征. 不同专业领域对同一客体的众多特性侧重有所不同. 在某个专业领域中, 反映客体根本特性的特征, 称为本质特征. 因此本质特征是因概念所属专业领域而异的, 反映了不同专业领域的不同侧重点.

对于物的理解, 表现在对该物的特征的了解. 掌握了某物具有哪些特征及其量值 (特征元), 也就有了关于该物的知识.

特征元实际上就是我们口语中常说的 "特征", 例如, 口语中常说的某人 "身高 1.8m", 实际上是特征元 (高度, 1.8m), 某物的 "导电率很好", 表达的是特征元 (导电率, 很好).

说明 2 在某些领域中所称的属性、参数和因素, 在可拓学中都归为特征或特征元, 有些需要用基元才能表示清楚.

例如, 在 TRIZ 中归纳了 39 个工程参数, 以 "运动物体的重量" 和 "静止物体的重量" 这两个参数为例, 在可拓学中, 该参数涉及两个特征: 重量和运动状态, 通常把 "运动状态" 作为参变量, 可以用参变量物元表示为

$$M(t) = \left(物体 D(t), 重量, v(t)\right)$$

显然, 当 "$t=$ 运动" 时和 "$t=$ 静止" 时的量值 $v(t)$ 可以不同, 也可以相同.

说明 3 一个物的组成部分不是该物的特征.

3. 量值和量值域

一物关于某一特征的数量、程度或范围, 称为该物关于这一特征的量值. 量值分为数量量值和非数量量值.

用实数及某一量纲来表示的量值称为数量量值, 不是使用实数来表示的量值称为非数量量值. 非数量量值可以通过数量化变为数量量值 (如打分、赋值等), 以便进行定量计算.

量域 给定特征 c_m, 它的量值的取值范围称为 c_m 的量域, 记为 $V(c_m)$. 如

$$V(长) = (0, +\infty), \quad V(温度) = (-273, +\infty) 度$$

量值域 物 O_m 关于特征 c_m 的量值的取值范围称为量值域, 记为 $V_0(c_m)$. 显然 $V_0(c_m) \subseteq V(c_m)$. 如类物 "桌子" 关于长度的取值范围为 $\langle 0, 8 \rangle$ m, 即 $V_0(长) = \langle 0, 8 \rangle$ m.

注 在可拓学中, 区间用 $\langle a, b \rangle$ 表示, 既可表示开区间, 也可表示闭区间或半开半闭区间, 与经典数学中区间的表达不同.

2.2 产品功能的模型化表示 —— 事元

 问题与思考

♦ 茶杯做什么用?
  装水 —— 因为它的实体有容积的特征.
♦ 还可以做什么用?
  压纸 —— 因为它有重量的特征.
  装饰 —— 因为它有颜色和图案的特征.
  保健 —— 因为它的特殊材质.
♦ 产品的"功能和用途"的实质: 都是事!"功能和用途"若能够形式化、规范化表达, 是否有利于创新?

物与物的相互作用称为事, 事以事元来形式化描述. 在产品创新中, 事元主要用于描述产品的功能、用途、工艺和用户的需要等.

定义 2.5 把动作 O_a、动作的特征 c_a 及 O_a 关于 c_a 所取得的量值 v_a 构成的有序三元组

$$A = (O_a, c_a, v_a)$$

作为描述事的基本元, 称为一维事元.

例如: $A_1 = $ (装, 支配对象, 水 D_1), $A_2 = $ (销售, 支配对象, 台灯 D_2), $A_3 = $ (生产, 支配对象, 仿古灯 D_3), $\cdots$, 都是一维事元. 这些一维事元表达的都是不完全的事件. 要想完整地表达一件事, 必须考虑动作的其他特征.

动作的基本特征有: 支配对象、施动对象、接受对象、时间、地点、程度、方式、工具等.

定义 2.6 动作 O_a, n 个特征 $c_{a1}, c_{a2}, \cdots, c_{an}$ 和 O_a 关于 $c_{a1}, c_{a2}, \cdots, c_{an}$ 取得的量值 $v_{a1}, v_{a2}, \cdots, v_{an}$ 构成的阵列

$$\begin{bmatrix} O_a, & c_{a1}, & v_{a1} \\ & c_{a2}, & v_{a2} \\ & \vdots & \vdots \\ & c_{an}, & v_{an} \end{bmatrix} = (O_a, C_a, V_a) \triangleq A$$

称为 n 维事元, 其中

$$C_a = \begin{bmatrix} c_{a1} \\ c_{a2} \\ \vdots \\ c_{an} \end{bmatrix}, \quad V_a = \begin{bmatrix} v_{a1} \\ v_{a2} \\ \vdots \\ v_{an} \end{bmatrix}$$

事元可以形式化表达出做什么、谁做、为谁做、什么时间做、什么地点做、做的程度、做的方式、使用的工具等.

例如,

$$A'_1 = \begin{bmatrix} 装, & 支配对象, & 水 D_1 \\ & 施动对象, & 青年人 S_1 \\ & 接受对象, & 父母 S_2 \\ & 工具, & 茶杯 S_3 \\ & 时间, & 2015 \text{年元旦} \\ & 地点, & 家中 \end{bmatrix}$$

表示 "青年人 S_1 于 2015 年元旦在家中为父母 S_2 用茶杯 S_3 装水 D_1" 这件事.

$$A'_2 = \begin{bmatrix} 销售, & 支配对象, & 台灯 D_2 \\ & 施动对象, & 专卖店 D_3 \\ & 接受对象, & 公司 S_4 \\ & 时间, & 2014 \text{年} 4 \text{月} \\ & 地点, & 广州 \\ & 方式, & 专卖 \end{bmatrix}$$

表示 "专卖店 D_3 于 2014 年 4 月在广州以专卖的方式为公司 S_4 销售台灯 D_2" 这件事.

$$A'_3 = \begin{bmatrix} 生产, & 支配对象, & 仿古灯 D_3 \\ & 施动对象, & 企业 D_4 \\ & 时间, & 2010 \text{年} \\ & 地点, & 中山 \\ & 方式, & 手工 \end{bmatrix}$$

表示 "企业 D_4 于 2010 年在中山以手工的方式生产仿古灯 D_3" 这件事.

由于产品的功能、消费者的需要和企业的目标都是事件, 因此都可以用事元形式化描述.

例如, 某企业 D_4 的目标是 "用一年的时间提高 10% 的市场占有率", 可用事元

形式化表达为

$$A_4 = \begin{bmatrix} \text{提高}, & \text{支配对象}, & \text{市场占有率} \\ & \text{施动对象}, & \text{企业}D_4 \\ & \text{时间}, & 1\text{ 年} \\ & \text{程度}, & 10\% \end{bmatrix}$$

某款台灯 D_5 具有 "为学习者 S_5 提供光线" 的功能, 可用事元形式化表达为

$$A_5 = \begin{bmatrix} \text{提供}, & \text{支配对象}, & \text{光线} \\ & \text{工具}, & \text{台灯}D_5 \\ & \text{接受对象}, & \text{学习者}S_5 \end{bmatrix}$$

"北方的消费者 S_6 需要一种春天能保护脚 S_{61} 的东西", 这个 "需要" 可以用事元形式化表达为

$$A_6 = \begin{bmatrix} \text{保护}, & \text{支配对象}, & \text{脚}S_{61} \\ & \text{施动对象}, & \text{消费者}S_6 \\ & \text{时间}, & \text{春天} \\ & \text{地点}, & \text{北方} \end{bmatrix}$$

有些动作还具有方向、轨迹等特征, 例如, "沿直线向上滑动手机屏幕 S_7", 可以用事元表示为

$$A_7 = \begin{bmatrix} \text{滑动}, & \text{支配对象}, & \text{手机屏幕}S_7 \\ & \text{方向}, & \text{向上} \\ & \text{轨迹}, & \text{直线} \end{bmatrix}$$

定义 2.7 若 $A = (O_a, c_a, v_a)$ 中, O_a 和 v_a 是时间参数 t 的函数, 称 A 为动态事元, 记作

$$A(t) = (O_a(t), c_a, v_a(t))$$

对多维事元, 有

$$A(t) = (O_a(t), C_a, V_a(t))$$

例如, 随着时间 t 的变化, 动作 "讲授" 的支配对象、施动对象、地点和方式等特征的量值都可能发生变化, 可以用多维动态事元表示如下:

$$A(t) = \begin{bmatrix} \text{讲授}(t), & \text{支配对象}, & v_{a1}(t) \\ & \text{施动对象}, & v_{a2}(t) \\ & \text{地点}, & v_{a3}(t) \\ & \text{方式}, & v_{a4}(t) \end{bmatrix}$$

再如，随着时间 t 的变化，消费者对 "装饰房间 D_1" 的工具和方式可能有不同的要求，可用多维动态事元表示如下：

$$A(t) = \begin{bmatrix} 装饰(t), & 支配对象, & 房间D_1(t) \\ & 施动对象, & 青年人S_1 \\ & 接受对象, & 父母S_2 \\ & 工具, & 灯光(t) \\ & 方式, & 闪烁(t) \\ & 地点, & 家中 \end{bmatrix}$$

与物元类似，形式化表示类事件的事元称为类事元．类事元关于动作的某些特征的量值可能是类量值．例如：

$$\{A\} = \begin{bmatrix} 装饰, & 支配对象, & \{房间, 大厅, 厨房\} \\ & 施动对象, & \{青年人, 老年人, 儿童\} \end{bmatrix}$$

事元的相等：对两个事元 $A_1 = (O_{a1}, c_{a1}, v_{a1})$, $A_2 = (O_{a2}, c_{a2}, v_{a2})$，当且仅当 $O_{a1} = O_{a2}, c_{a1} = c_{a2}, v_{a1} = v_{a2}$ 时，$A_1 = A_2$．

2.3 产品结构的模型化表示 —— 关系元

问题与思考

♦ 很多创新方案或矛盾问题的解决可能是通过关系的变化实现的．例如：把 "灯罩" 和 "灯座" 的 "上下关系" 从原来的 "灯罩在上方,灯座在下方" 变为 "灯座在上方,灯罩在下方"，是不是可以变成一款新式的灯？改变灯的 "控制关系"，是不是也可以创造一款新式的灯？

♦ 这些 "关系" 如何能更有序地想到和分析呢？

♦ "关系" 若能够形式化规范化表达，是否有利于创新？

在大千世界中，任何物、事、人、信息、知识等与其他的物、事、人、信息、知识，都有千丝万缕的关系．由于这些关系之间又互相作用、互相影响，所以描述它们的物元、事元和关系元也与其他的物元、事元和关系元有各种各样的关系，这些关系的变化也会互相作用、互相影响．关系元是描述这类现象的形式化工具．

在产品创新中,关系元主要用于模型化表达产品的结构关系.

定义 2.8　以关系词或关系符 (简称关系名)O_r, n 个特征 $c_{r1}, c_{r2}, \cdots, c_{rn}$ 和相应的量值 $v_{r1}, v_{r2}, \cdots, v_{rn}$ 构成的 n 维阵列

$$\begin{bmatrix} O_r, & c_{r1}, & v_{r1} \\ & c_{r2}, & v_{r2} \\ & \vdots & \vdots \\ & c_{rn}, & v_{rn} \end{bmatrix} = (O_r, \ C_r, \ V_r) \triangleq R$$

用于描述 v_{r1} 和 v_{r2} 的关系,称为 n 维关系元,其中

$$C_r = \begin{bmatrix} c_{r1} \\ c_{r2} \\ \vdots \\ c_{rn} \end{bmatrix}, \quad V_r = \begin{bmatrix} v_{r1} \\ v_{r2} \\ \vdots \\ v_{rn} \end{bmatrix}$$

例如,

$$R_1 = \begin{bmatrix} 连接关系, & 前项, & 灯座D_1 \\ & 后项, & 灯泡D_2 \\ & 程度, & 100 \\ & 维系方式, & 嵌入 \end{bmatrix}$$

$$R_2 = \begin{bmatrix} 上下关系, & 前项, & 灯座D_1 \\ & 后项, & 灯泡D_2 \\ & 程度, & 100 \end{bmatrix}$$

描述了灯座与灯泡之间的连接关系和上下位置关系.

而开关 D_1 和灯 D_2 的控制关系可用如下多维关系元形式化描述:

$$R_3 = \begin{bmatrix} 控制关系, & 前项, & 开关D_1 \\ & 后项, & 灯D_2 \\ & 程度, & 密切 \\ & 维系方式, & 按压 \\ & 联系通道, & 电线 \\ & 联系方式, & 电 \\ & 地点, & D地 \end{bmatrix}$$

在上述特征中,前项、后项和程度是常用的基本特征,它们表达了关系的对象及其程度.

在产品创新中，有时改变关系名或改变关系元中任意一个特征的量值，都可能产生一个新产品. 如把"上下关系"改为"左右关系"，把"嵌入"改为"旋入"等，都可产生新产品.

定义 2.9 在关系元 R 中，若 R 描述的关系是时间 t 的函数，称

$$R(t) = \begin{bmatrix} O_r(t), & c_{r1}, & v_{r1}(t) \\ & c_{r2}, & v_{r2}(t) \\ & \vdots & \vdots \\ & c_{rn}, & v_{rn}(t) \\ & \vdots & \vdots \end{bmatrix}$$

为动态关系元. $R(t)$ 描述了 v_{r1} 和 v_{r2} 的关系 O_r 随时间 t 的改变而产生的动态变化 (包括关系程度的变化). 不同的人、事、物的影响也使关系产生变化，这些变化表现为关系程度的改变. 关系程度的变化表达关系的建立、加深、中断、恶化等, 它可以是正值、零或负值.

两个关系元

$$R_1 = \begin{bmatrix} O_{r1}, & c_{r1}, & v_{r11} \\ & c_{r2}, & v_{r12} \\ & \vdots & \vdots \\ & c_{rn}, & v_{r1n} \end{bmatrix}, \quad R_2 = \begin{bmatrix} O_{r2}, & c_{r1}, & v_{r21} \\ & c_{r2}, & v_{r22} \\ & \vdots & \vdots \\ & c_{rn}, & v_{r2n} \end{bmatrix}$$

当且仅当 $O_{r1} = O_{r2}$，且对一切 $i \in \{1, 2, \cdots, n\}$，有 $v_{r1i} = v_{r2i}$，称两关系元是相等的，记作 $R_1 = R_2$.

在解决矛盾问题时，人们要面对数量众多、纷纭复杂的人、事、物和关系. 决策者的一项基本任务就是要理清人与人、事与事、物与物、人与事、人与物、事与物之间的关系，并在此基础上进行创造性思考, 使得这些要素间能够相互协调，相互促进，以实现目标. 因此，如何去认识这些关系就显得尤为重要. 因为从本质上去把握这些关系，需要经过一个去粗取精、去伪存真、由表及里的艰苦探索过程.

物元、事元、关系元统称为基元. 在不致引起混淆的情况下，我们把基元记作

$$B = \begin{bmatrix} \text{Object}, & c_1, & v_1 \\ & c_2, & v_2 \\ & \vdots & \vdots \\ & c_n, & v_n \end{bmatrix}$$

其中 O(Object) 表示某对象(物、动作或关系名), $c_1, c_2, \cdots, c_n$ 表示对象 O 的 n 个特征, $v_1, v_2, \cdots, v_n$ 表示对象 O 关于上述特征的相应量值.

若基元 B 是时间 t 的函数,则有如下动态基元:

$$B(t) = \begin{bmatrix} \text{Object}(t), & c_1, & v_1(t) \\ & c_2, & v_2(t) \\ & \vdots & \vdots \\ & c_n, & v_n(t) \end{bmatrix}$$

类基元表示为

$$\{B\} = \begin{bmatrix} \{\text{Object}\}, & c_1, & V_1 \\ & c_2, & V_2 \\ & \vdots & \vdots \\ & c_n, & V_n \end{bmatrix}$$

其中 $V_i(i=1,2,\cdots,n)$ 为类对象关于特征 c_i 的量值域.

2.4 复杂事物的模型化表示

问题与思考

◆ 事元和关系元关于某特征的量值可能是物,而物又具有特征和量值,当需要更进一步明确表达它们之间的关系时,单纯用物元、事元和关系元就不足够了.

◆ 如何形式化表示一个开关与多个灯的控制关系或多个开关与一个灯的控制关系?

◆ 如何形式化表示"用七彩灯光装饰家中 50m^2 的房间"?

◆ 若能把复杂事、物和关系用形式化规范化表达,是否有利于创新?

2.4.1 复合元简介

现实世界中的问题往往是非常复杂的,是人、事、物组合或复合的结果. 因此,描述这些对象,需要使用物元、事元和关系元复合的形式来表达,统称为复合元. 研究复合元的构成、运算和变换就成为研究复杂问题的基础.

复合元可以有多种形式，此处只举例介绍常用的几种，有兴趣的读者可以参考文献 [10] 中的相关内容.

例如: "用灯光 D_2 装饰家中 $50\mathrm{m}^2$ 的房间 D_1"，可用物元和事元复合而成的复合元表示为

$$A(M) = \begin{bmatrix} 装饰, & 支配对象, & M \\ & 工具, & 灯光\ D_2 \\ & 地点, & 家中 \end{bmatrix}$$

其中，$M = (房间 D_1, 面积, 50\mathrm{m}^2)$.

再如，"一个开关 D_1 和 6 个灯泡 D_2 的控制关系"，可以用物元和关系元复合而成的复合元表示为

$$R_1(M_1, M_2) = \begin{bmatrix} 控制关系, & 前项, & M_1 \\ & 后项, & M_2 \end{bmatrix}$$

其中，$M_1 = (开关 D_1, 个数, 1), M_2 = (灯泡 D_2, 个数, 6)$

"2 个开关 D_3 和 1 个灯泡 D_4 的控制关系"，可以用物元和关系元复合而成的复合元表示为

$$R_2(M_3, M_4) = \begin{bmatrix} 控制关系, & 前项, & M_3 \\ & 后项, & M_4 \end{bmatrix}$$

其中，$M_3 = (开关 D_3, 个数, 2), M_4 = (灯泡 D_4, 个数, 1)$.

若要表示 "用一个开关控制 6 个灯泡，按压开关 1 次打开 2 个灯泡，按压开关 2 次打开 4 个灯泡，按压开关 3 次打开 6 个灯泡，按压开关 4 次关闭所有灯泡"，就不能用上述复合元表示了，需要用复合元的运算或变换的运算才能表示清楚，此略.

2.4.2 基元的逻辑运算

描述复杂物、事和关系，除了应用物元、事元、关系元和复合元，还常常需要用到基元与基元之间、复合元与复合元之间的一些运算. 下面简单介绍常用的基元的逻辑运算，复合元的运算较复杂，在此不作介绍.

1. 基元的与运算

给定基元 $B_1 = (O_1, c_1, v_1), B_2 = (O_2, c_2, v_2)$，$B_1$ 和 B_2 的 "与运算" 是指既取 B_1，又取 B_2，记作

$$B = B_1 \wedge B_2 = (O_1 \wedge O_2, c_1 \wedge c_2, v_1 \wedge v_2)$$

$$= \begin{cases} (O, c, v_1 \wedge v_2), & O_1 = O_2 = O, c_1 = c_2 = c \\ (O_1 \wedge O_2, c, v_1 \wedge v_2), & O_1 \neq O_2, c_1 = c_2 = c \\ \begin{bmatrix} O, & c_1, & v_1 \\ & c_2, & v_2 \end{bmatrix}, & O_1 = O_2 = O, c_1 \neq c_2 \\ \begin{bmatrix} O_1 \wedge O_2, & c_1, & v_1 \wedge v_{21} \\ & c_2, & v_{12} \wedge v_2 \end{bmatrix}, & O_1 \neq O_2, c_1 \neq c_2 \end{cases}$$

其中 v_{21} 是对象 O_2 关于特征 c_1 的量值, v_{12} 是对象 O_1 关于特征 c_2 的量值.

2. 基元的或运算

给定基元 $B_1 = (O_1, c_1, v_1)$, $B_2 = (O_2, c_2, v_2)$, B_1 和 B_2 的 "或运算" 是指至少取 B_1 和 B_2 中的一个, 记作

$$B = B_1 \vee B_2 = (O_1 \vee O_2, c_1 \vee c_2, v_1 \vee v_2)$$

$$= \begin{cases} (O, c, v_1 \vee v_2), & O_1 = O_2 = O, c_1 = c_2 = c \\ (O_1 \vee O_2, c, v_1 \vee v_2), & O_1 \neq O_2, c_1 = c_2 = c \\ (O, c_1 \vee c_2, v_1 \vee v_2), & O_1 = O_2 = O, c_1 \neq c_2 \\ \begin{bmatrix} O_1 \vee O_2, & c_1, & v_1 \vee v_{21} \\ & c_2, & v_{12} \vee v_2 \end{bmatrix}, & O_1 \neq O_2, c_1 \neq c_2 \end{cases}$$

例 2.4.1 设 $M_1 = ($桌子D_1, 长度, 1m$)$, $M_2 = ($椅子D_2, 长度, 0.5m$)$, 则

$$M_1 \wedge M_2 = (桌子D_1 \wedge 椅子D_2, 长度, 1\text{m} \wedge 0.5\text{m})$$

表示同时取物元 M_1 和 M_2. 而

$$M_1 \vee M_2 = (桌子D_1 \vee 椅子D_2, 长度, 1\text{m} \vee 0.5\text{m})$$

表示至少取物元 M_1 和 M_2 中的一个.

例 2.4.2 设两个功能事元

$$A_1 = \begin{bmatrix} 提供, & 支配对象, & 光线 \\ & 工具, & 台灯D \\ & 地点, & 卧室D_1 \end{bmatrix}$$

$$A_2 = \begin{bmatrix} 播放, & 支配对象, & 音乐 \\ & 工具, & 台灯D \\ & 地点, & 卧室D_1 \end{bmatrix}$$

则 $A_1 \wedge A_2$ 表示 "台灯 D 在卧室 D_1 同时提供光线和播放音乐", 即

$$A_1 \wedge A_2 = \begin{bmatrix} 提供 \wedge 播放, & 支配对象, & 光线 \wedge 音乐 \\ & 工具, & 台灯 D \\ & 地点, & 卧室 D_1 \end{bmatrix}$$

$A_1 \vee A_2$ 表示 "台灯 D 在卧室 D_1 或者提供光线或者播放音乐", 即

$$A_1 \vee A_2 = \begin{bmatrix} 提供 \vee 播放, & 支配对象, & 光线 \vee 音乐 \\ & 工具, & 台灯 D \\ & 地点, & 卧室 D_1 \end{bmatrix}$$

对基元 B_1 与 B_2, 显然有 $B_1 \wedge B_2 = B_2 \wedge B_1$, $B_1 \vee B_2 = B_2 \vee B_1$. 同样可定义多个基元的与运算和或运算, 此略.

3. 基元的非运算

对基元 $B = (O, c, v)$ 的非运算, 包括 "对象的非" 和 "量值的非", 分别记作

$$\overline{B}_O = (\overline{O}, c, v), \quad \overline{B}_v = (O, c, \overline{v})$$

例 2.4.3 设

$$M = \begin{bmatrix} 空调 D, & 使用寿命, & 10 \text{ 年} \\ & 成本, & 1 \text{ 万元} \end{bmatrix}$$

则

$$\overline{M}_O = \begin{bmatrix} 空调 \overline{D}, & 使用寿命, & 10 \text{ 年} \\ & 成本, & 1 \text{ 万元} \end{bmatrix}$$

表示除了空调 D 之外所有使用寿命为 10 年成本为 1 万元的空调. 而

$$\overline{M}_v = \begin{bmatrix} 空调 D, & 使用寿命, & \overline{10 \text{ 年}} \\ & 成本, & \overline{1 \text{ 万元}} \end{bmatrix}$$

表示 "使用寿命非 10 年且成本非 1 万元" 的空调 D.

例 2.4.4 设

$$A = \begin{bmatrix} 播放, & 支配对象, & 音乐 \\ & 工具, & 台灯 D \\ & 地点, & 卧室 D_1 \end{bmatrix}$$

则

$$\overline{A_O} = \begin{bmatrix} \overline{\text{播放}}, & \text{支配对象}, & \text{音乐} \\ & \text{工具}, & \text{台灯} D \\ & \text{地点}, & \text{卧室} D_1 \end{bmatrix}$$

$$\overline{A_v} = \begin{bmatrix} \text{播放}, & \text{支配对象}, & \overline{\text{音乐}} \\ & \text{工具}, & \text{台灯} D \\ & \text{地点}, & \text{卧室} D_1 \end{bmatrix}$$

分别表示"卧室 D_1 里的台灯 D 非播放音乐"和"卧室里的台灯 D 播放非音乐".

例 2.4.5 设 $R = \begin{bmatrix} \text{上下关系}, & \text{前项}, & D_1 \\ & \text{后项}, & D_2 \end{bmatrix}$,则

$$\overline{R_O} = \begin{bmatrix} \overline{\text{上下关系}}, & \text{前项}, & D_1 \\ & \text{后项}, & D_2 \end{bmatrix}$$

$$\overline{R_v} = \begin{bmatrix} \text{上下关系}, & \text{前项}, & \overline{D_1} \\ & \text{后项}, & \overline{D_2} \end{bmatrix}$$

分别表示"D_1 和 D_2 非上下关系""非 D_1 和非 D_2 是上下关系".

说明 基元 B 的非运算,也常用符号"$\neg B$"表示,利用这种符号,基元的"对象的非"和"量值的非"可以表示为

$$\neg B_O = (\neg O, c, v), \quad \neg B_v = (O, c, \neg v)$$

思考与练习

1. 从某个陶瓷茶杯出发,可以写出它的多少特征和相应的量值?请用多维物元表示之. 可否根据其中的某些特征元, 想出 3 个新产品?

2. 从某个台灯出发,可以写出它的多少特征和相应的量值?请用多维物元表示之. 可否根据其中的某些特征元, 想出 3 个新产品?

3. 请用多维事元表示某个激光笔的功能. 可否根据其中的某些特征元, 想出 3 个具有新功能的产品?

4. 请用多维事元表示某个台灯的功能. 可否根据其中的某些特征元, 想出 3 个具有新功能的产品?

5. 请用多维关系元表示某个钢笔的笔帽和笔杆的关系. 可否根据该关系元, 想出 3 个具有新关系的产品?

创意生成的依据(1)
——拓展分析方法

第 3 章

内容提要

拓展分析方法是用形式化的方法对基元进行拓展,从而得到多种创新路径或解决矛盾问题的多种思路的方法.

拓展分析方法包括发散分析方法、相关分析方法、蕴含分析方法和可扩分析方法. 鉴于这些方法所拓展出的结果的形式,又将这些方法相应称为发散树方法、相关网方法、蕴含系(树)方法和分合链方法.

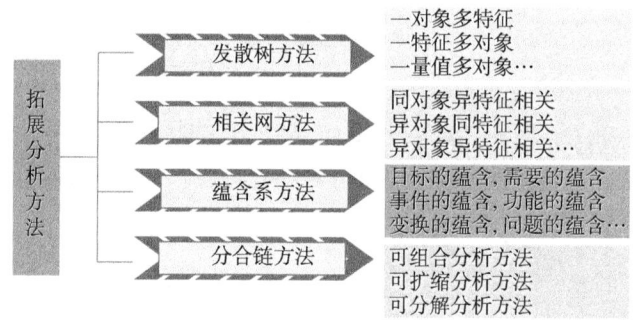

3.1 发散树方法

♦ 一张纸,可以做什么用? 为什么?

$$(纸D, 可书写性, 好) \to \begin{cases} (纸D, 可折叠性, 好) \\ (纸D, 颜色, 红色) \\ (纸D, 吸水性, 好) \\ (纸D, 厚度, 0.1mm) \end{cases}$$

因为纸具有好的"可书写性",所以可以用纸写字;

因为纸具有好的"可折叠性",所以可以用纸折飞机;

因为纸的"颜色"是红色的,所以可以用它剪窗花;

因为纸具有好的"吸水性",所以可以用它擦撒在桌上的水;

因为纸具有"可折叠性"和"厚度",所以可以用它垫放不平的桌子或柜子.

♦ 什么东西有和它一样的用途?为什么?

启示 任何对象都具有可以拓展的性质. 不同的特征对应着不同的用途.

 预备知识:发散规则

发散规则 3.1.1   **一对象多特征多量值**,即由一个基元可以拓展出多个同对象不同特征不同量值的基元. 用基元表示如下:

$$
\begin{aligned}
B &= (O,\ c,\ v) \\
&\dashv \{(O,\ c_1,\ v_1),(O,\ c_2,\ v_2),\cdots,(O,\ c_n,\ v_n)\} \\
&= \{(O,\ c_i,\ v_i), i=1,2,\cdots,n\}
\end{aligned}
$$

根据多维基元的定义,上式也可以写为

$$
B = (O,\ c,\ v) \dashv \begin{bmatrix} O, & c, & v \\ & c_1, & v_1 \\ & \vdots & \vdots \\ & c_n, & v_n \end{bmatrix}
$$

根据该规则,在进行创新或处理矛盾问题时,如果利用已有基元不能解决,则可以考虑利用该基元的对象与其他特征形成的基元去解决.

该规则对应于关系数据表 3.1.1.

表 3.1.1

对象 \ 特征 量值	c	c_1	c_2	$\cdots$	c_n
O	v	v_1	v_2	$\cdots$	v_n

发散规则 3.1.2   **多对象一特征多量值**,即由一个基元可以拓展出多个同特征不同对象不同量值的基元. 用基元表示如下:

$$B = (O, c, v)$$
$$\dashv \{(O_1, c, v_1), (O_2, c, v_2), \cdots, (O_n, c, v_n)\}$$
$$= \{(O_i, c, v_i), i = 1, 2, \cdots, n\}$$

根据该规则，在进行创新或处理矛盾问题时，如果利用已有基元不能解决，则可以考虑与它同特征的其他对象及其相应的量值构成的基元去解决.

该规则同样可以用关系数据表 3.1.2 表示.

表 3.1.2

对象＼量值＼特征	c
O	v
O_1	v_1
O_2	v_2
$\vdots$	$\vdots$
O_n	v_n

发散规则 3.1.3 一对象多特征一量值，即由一个基元可以拓展出多个同对象不同特征同量值的基元. 用基元表示如下：

$$B = (O, c, v)$$
$$\dashv \{(O, c_1, v), (O, c_2, v), \cdots, (O, c_n, v)\}$$
$$= \{(O, c_i, v), i = 1, 2, \cdots, n\}$$

该规则对应的关系数据表为表 3.1.3.

表 3.1.3

对象＼量值＼特征	c	c_1	c_2	$\cdots$	c_n
O	v	v	v	$\cdots$	v

发散规则 3.1.4 多对象多特征一量值，即由一个基元可以拓展出多个不同对象不同特征同量值的基元. 用基元表示如下：

$$B = (O, c, v)$$
$$\dashv \{(O_1, c_1, v), (O_2, c_2, v), \cdots, (O_n, c_n, v)\}$$
$$= \{(O_i, c_i, v), i = 1, 2, \cdots, n\}$$

该规则对应的关系数据表为表 3.1.4.

表 3.1.4

对象\量值\特征	c	c_1	c_2	$\cdots$	c_n
O	v				
O_1		v			
O_2			v		
$\vdots$				$\cdots$	
O_n					v

发散规则 3.1.5 **多对象一特征一量值**,即由一个基元可以拓展出多个不同对象同特征同量值的基元. 用基元表示如下:

$$B = (O,\ c,\ v)$$
$$\dashv \{(O_1,\ c,\ v), (O_2,\ c,\ v), \cdots, (O_n,\ c,\ v)\}$$
$$= \{(O_i,\ c,\ v), i = 1, 2, \cdots, n\}$$

该规则对应的关系数据表为表 3.1.5.

表 3.1.5

对象\量值\特征	c
O	v
O_1	v
O_2	v
$\vdots$	$\vdots$
O_n	v

发散规则 3.1.6 **一对象一特征多量值**,即由一个参变量基元可以拓展出多个不同参变量下的同特征不同量值的基元. 此规则可以用参变量基元表示为

$$B(t) = (O(t),\ c,\ v(t))$$
$$\dashv \{(O(t_1),\ c,\ v_1(t_1)), (O(t_2),\ c,\ v_2(t_2)), \cdots, (O(t_n),\ c,\ v_n(t_n))\}$$
$$= \{(O(t_i),\ c,\ v_i(t_i)), i = 1, 2, \cdots, n\}$$

在不致引起混淆的情况下,参变量可以省略.

该规则对应的关系数据表为表 3.1.6.

表 3.1.6

对象 \ 量值 特征	c
$O(t)$	$v(t)$
$O(t_1)$	$v_1(t_1)$
$O(t_2)$	$v_2(t_2)$
$\vdots$	$\vdots$
$O(t_n)$	$v_n(t_n)$

发散树方法的基本步骤

根据上述发散规则,可以从一个基元出发,拓展出多个基元,从而为创新或解决矛盾问题提供多条可能的途径.

在解决实际问题的过程中,有时只用某一发散规则,有时需要综合应用若干个规则才能找到创新或解决矛盾问题的较优路径. 这样的发散过程形成了一种树状结构,故称为发散树.

基元发散树的一般模型如下:

$$\begin{array}{l} \{(O_i,\ c,\ v_i), i=1,2,\cdots,n\} \\ \{(O_i,\ c_i,\ v), i=1,2,\cdots,n\} \\ \{(O_i,\ c,\ v), i=1,2,\cdots,n\} \end{array} \dashv (O,\ c,\ v) \vdash \begin{array}{l} \{(O,\ c_i,\ v_i), i=1,2,\cdots,n\} \\ \{(O,\ c_i,\ v), i=1,2,\cdots,n\} \\ \{(O,\ c,\ v_i), i=1,2,\cdots,n\} \end{array}$$

我们把利用发散规则寻找创新或解决矛盾问题的路径的方法称为发散树方法. 该方法的基本步骤如下:

(1) 列出拟分析的基元 B;
(2) 根据要解决的问题,选择应用发散规则;
(3) 由 B 拓展出多个基元 $B_1, B_2, \cdots, B_n$;
(4) 判断是否找到创新或解决矛盾问题的路径,若找到,则结束,否则进入下一步;
(5) 对 B_i 继续进行拓展,直至找到创新或解决矛盾问题的路径.

案例分析

例 3.1.1 一根电线 D,人们都知道它有导电性能,即物元 $M=($电线D, 导电性,

v_m). 运用发散规则 3.1.1, 可以得到

$$M = (电线D, 导电性, v_m)$$
$$\dashv \{(电线D, 柔软性, v_{m1}), (电线D, 长度, v_{m2}),$$
$$(电线D, 颜色, v_{m3}), \cdots\}$$

当需要用其接通电源时, 就考虑它的导电性; 当需要用其捆绑物品时, 就考虑它的柔韧性; 当需要用其做装饰物或与其他电线区分时, 就考虑它的颜色.

当然电线 D 还有很多其他特征, 但请注意针对具体的问题进行拓展, 同时在考虑基元的特征和量值拓展时, 要注意不要人为地给对象增加不恰当的限制, 否则, 不但不能解决问题, 反而会使有解的问题变成无解的问题.

例 3.1.2 大家都经常玩的用火柴摆图案的游戏: 要用 6 根火柴摆四个正三角形. 这本是一个有解的问题, 但很多人认为这是一个矛盾问题, 主要原因是对物元进行了如下不恰当的拓展:

$$M = (三角形组D_1, 三角形个数, 4)$$
$$\xrightarrow{规则 3.1.1} \begin{cases} M_1 = (三角形组D_1, 位置, 平面) \\ M_2 = (三角形组D_1, 三角形边长, a) \end{cases}$$

其中 a 为每支火柴的长度, 即物元 M_1 和 M_2 不但不能帮助解决问题, 由于它们的量值取值不恰当, 反倒使 M_1 和 M_2 成了解决问题的障碍.

对由 M 拓展出的基元 M_1 和 M_2, 对于不同的时刻 t_1, t_2 和 t_3, 还可以利用规则 3.1.6 作进一步的拓展:

$$M_1(t_1) = (三角形组D_1(t_1), 位置, 平面(t_1))$$
$$\xrightarrow{规则 3.1.6} M_{11}(t_2) = (三角形组D_1(t_2), 位置, 空间(t_2))$$

$$M_2(t_1) = (三角形组D_1(t_1), 三角形边长, a(t_1))$$
$$\xrightarrow{规则 3.1.6} M_{21}(t_3) = (三角形组D_1(t_3), 三角形边长, a'(t_3)) \quad (a' < a)$$

根据条件物元 $l = (火柴枝组D_2, 根数, 6)$ 和由 M, M_{11}, M_2 在 t 时刻形成的三维物元

$$M'(t) = \begin{bmatrix} 三角形组D_1(t), & 三角形个数, & 4 \\ & 位置, & 空间(t) \\ & 三角形边长, & a(t) \end{bmatrix}$$

可摆出一个立体的图形 —— 正三棱锥形, 它的上面有 4 个正三角形. 再由 M, M_1, M_{21} 在 t' 时刻形成的三维物元

$$M''(t') = \begin{bmatrix} 三角形组 D_1(t'), & 三角形个数, & 4 \\ & 位置, & 平面(t') \\ & 三角形边长, & a'(t') \end{bmatrix}$$

即可在平面上摆出多个边长小于火柴枝长度 a 的图形, 每个图形上面都有 4 个正三角形.

例 3.1.3 某个茶杯 D_1 具有 (容积, 500ml) 的特征元, 某个碗 D_2 也具有 (容积, 500ml) 的特征元, 根据发散规则 3.1.5, 还可以拓展出更多:

$$(茶杯 D_1, 容积, 500\text{ml}) \xrightarrow{规则 3.1.5} \begin{cases} (碗 D_2, 容积, 500\text{ml}) \\ (盘 D_3, 容积, 500\text{ml}) \\ (桶 D_4, 容积, 500\text{ml}) \\ (盆 D_5, 容积, 500\text{ml}) \end{cases}$$

因此, 当需要 "装水" 而找不到茶杯时, 也可以选择用碗 "装水", 还可以选择其他具有 "容积" 的物品. 这也是 "同功能的物品可以替代使用" 的原因.

例 3.1.4 防火板的材质与防火纸的材质都是石棉, 因此都具有防火的功能, 而且防火纸的价格低于防火板的价格, 当买不到防火板时, 可以用防火纸替代. 这是同时应用发散规则 3.1.5、发散规则 3.1.1 和发散规则 3.1.2 所获得的结果, 即

$$(防火板 D_1, 材质, 石棉) \xrightarrow{规则 3.1.5} (防火纸 D_2, 材质, 石棉)$$

$$(防火板 D_1, 材质, 石棉) \xrightarrow{规则 3.1.1} (防火板 D_1, 成本, v_1)$$

$$(防火板 D_1, 成本, v_1) \xrightarrow{规则 3.1.2} (防火纸 D_2, 成本, v_2)$$

例 3.1.5 对产品 D 而言, 与其相关的动作可以是生产、运输、储存、销售、购买等, 根据发散规则 3.1.5, 从 "生产产品 D" 出发, 可以获得事元的发散树如下:

$$A = (生产, 支配对象, 产品 D) \xrightarrow{规则 3.1.5} \begin{cases} A_1 = (运输, 支配对象, 产品 D) \\ A_2 = (储存, 支配对象, 产品 D) \\ A_3 = (销售, 支配对象, 产品 D) \\ A_4 = (购买, 支配对象, 产品 D) \end{cases}$$

而动作 "生产" 不只有 "支配对象" 这一个特征和相应的量值, 根据发散规则 3.1.1, 还可以获得事元的发散树如下:

$$A = (生产, 支配对象, 产品 D) \xrightarrow{规则 3.1.1} \begin{cases} A_1 = (生产, 施动对象, 企业 E) \\ A_2 = (生产, 接受对象, 消费者 F) \\ A_3 = (生产, 方式, 批量) \\ A_4 = (生产, 地点, 中山) \\ A_5 = (生产, 数量, 1 万件/年) \end{cases}$$

例 3.1.6 应用发散树方法,对"鞋"及人们的"穿鞋"的需要进行分析,以生成开拓鞋类市场的思路.

对任何一双鞋而言,都可用多维物元形式化表示为

$$M = \begin{bmatrix} 鞋 O_m, & 材质, & v_1 \\ & 尺码, & v_2 \\ & 颜色, & v_3 \\ & 样式, & v_4 \\ & 品牌, & v_5 \\ & 价格, & v_6 \\ & \vdots & \vdots \end{bmatrix}$$

根据发散树方法,鞋 O_m 关于每一特征的量值都是可以拓展的,消费者也可按照自己的不同需求去购买各种不同量值的鞋子. 如

$$M_1 = \begin{bmatrix} 鞋 O_1, & 材质, & 牛皮 \\ & 尺码, & 40 \\ & 颜色, & 黑 \\ & 样式, & 老板式 \\ & 品牌, & 富贵鸟 \\ & 价格, & 200 元 \\ & \vdots & \vdots \end{bmatrix}, \quad M_2 = \begin{bmatrix} 鞋 O_2, & 材质, & 羊皮 \\ & 尺码, & 36 \\ & 颜色, & 白 \\ & 样式, & 休闲式 \\ & 品牌, & 富贵鸟 \\ & 价格, & 150 元 \\ & \vdots & \vdots \end{bmatrix}, \cdots$$

企业可以根据不同类型消费者的不同需求开发各种产品.

对于要销售鞋子的商家而言,重点不是对鞋子本身的发散分析,而是对消费者需要的发散分析,即对消费者"保护脚"的需要的拓展分析.

消费者对"保护脚"的基本需要可用事元表示为

$$A = \begin{bmatrix} 保护, & 支配对象, & 脚 \\ & 施动对象, & 消费者 \\ & 地点, & 路上 \\ & 时间, & 白天 \end{bmatrix} \triangleq \begin{bmatrix} 保护, & c_{a1}, & 脚 \\ & c_{a2}, & 消费者 \\ & c_{a3}, & 路上 \\ & c_{a4}, & 白天 \end{bmatrix}$$

显然,满足这一基本需要的鞋子有很多. 但人们对鞋子的需要也不止这一基本需要,而且不同的人需要也不同.

根据发散树方法可得如下事元发散树:

$$A \dashv \begin{cases} A_1 = \begin{bmatrix} 保护, & c_{a1}, & 脚 \\ & c_{a2}, & 中学生 \\ & c_{a3}, & 运动场 \\ & c_{a4}, & 白天 \end{bmatrix} \dashv \begin{cases} A_{11} = \begin{bmatrix} 保护, & c_{a1}, & 脚 \\ & c_{a2}, & 女学生 \\ & c_{a3}, & 路上 \\ & c_{a4}, & 白天 \end{bmatrix} \\ A_{12} = \begin{bmatrix} 保护, & c_{a1}, & 脚 \\ & c_{a2}, & 男学生 \\ & c_{a3}, & 运动场 \\ & c_{a4}, & 白天 \end{bmatrix} \end{cases} \\ A_2 = \begin{bmatrix} 显示, & c_{a1}, & 身份 \\ & c_{a2}, & 白领阶层 \\ & c_{a3}, & 办公室 \\ & c_{a4}, & 白天 \end{bmatrix} \dashv A_{21} = \begin{bmatrix} 显示, & c_{a1}, & 身份 \\ & c_{a2}, & 女学生 \\ & c_{a3}, & 学校 \\ & c_{a4}, & 白天 \end{bmatrix} \dashv A_{211} = \begin{bmatrix} 显示, & c_{a1}, & 气质 \\ & c_{a2}, & 女学生 \\ & c_{a3}, & 学校 \\ & c_{a4}, & 白天 \end{bmatrix} \\ A_3 = \begin{bmatrix} 防御, & c_{a1}, & 寒冷 \\ & c_{a2}, & 老年人 \\ & c_{a3}, & 路上 \\ & c_{a4}, & 冬天 \end{bmatrix} \dashv A_{31} = \begin{bmatrix} 防御, & c_{a1}, & 寒冷 \\ & c_{a2}, & 女学生 \\ & c_{a3}, & 路上 \\ & c_{a4}, & 冬天 \end{bmatrix} \\ A_4 = \begin{bmatrix} 增加, & c_{a1}, & 高度 \\ & c_{a2}, & 女学生 \\ & c_{a3}, & 学校 \\ & c_{a4}, & 白天 \end{bmatrix} \\ A_5 = \begin{bmatrix} 表演, & c_{a1}, & 节目 \\ & c_{a2}, & 演员 \\ & c_{a3}, & 舞台 \\ & c_{a4}, & 演出时 \end{bmatrix} \end{cases}$$

即

$$A \dashv \begin{cases} A_1 \dashv \begin{cases} A_{11} \\ A_{12} \end{cases} \\ A_2 \dashv A_{21} \dashv A_{211} \\ A_3 \dashv A_{31} \\ A_4 \\ A_5 \end{cases}$$

根据此需要发散树,再根据市场调查的资料,对每种需要进行调查和评价后,发现专门针对女中学生市场的、能显示女中学生气质、穿着舒适、方便运动的鞋子很有前途,有人利用了这种分析结果. 由于找准了市场盲点,避开了激烈的市场竞争,一举成功. 这也是"开创蓝海"的方法.

例 3.1.7 在灯饰产品创新中,任何一款灯的部件与部件之间都可以存在各种各样的关系. 以台灯的灯座 D_1 和灯罩 D_2 为例,通常是上下关系,可用关系元表示为

第 3 章　创意生成的依据 (1)——拓展分析方法

$$R = \begin{bmatrix} 上下关系, & 前项, & 灯罩D_2 \\ & 后项, & 灯座D_1 \\ & 维系方式, & 螺旋 \\ & 程度, & 密切 \end{bmatrix}$$

从此关系元出发，根据发散规则，可以拓展出如下发散树：

$$R \dashv \begin{cases} R_1 = \begin{bmatrix} 上下关系, & 前项, & 灯座D_1 \\ & 后项, & 灯罩D_2 \\ & 维系方式, & 螺旋 \\ & 程度, & 密切 \end{bmatrix} \\ R_2 = \begin{bmatrix} 左右关系, & 前项, & 灯座D_1 \\ & 后项, & 灯罩D_2 \\ & 维系方式, & 螺旋 \\ & 程度, & 密切 \end{bmatrix} \\ \dashv \begin{cases} R_{21} = \begin{bmatrix} 左右关系, & 前项, & 灯座D_1 \\ & 后项, & 灯罩D_2 \\ & 维系方式, & 嵌入 \\ & 程度, & 松散 \end{bmatrix} \\ R_{22} = \begin{bmatrix} 左右关系, & 前项, & 灯罩D_2 \\ & 后项, & 灯座D_1 \\ & 维系方式, & 螺旋 \\ & 程度, & 密切 \end{bmatrix} \end{cases} \\ R_2 = \begin{bmatrix} 上下关系, & 前项, & 灯罩D_2 \\ & 后项, & 灯座D_1 \\ & 维系方式, & 嵌入 \\ & 程度, & 密切 \end{bmatrix} \end{cases}$$

由此可以得到很多产品创意．

3.2 相关网方法

问题与思考

◆ 如何发现、分析或表示事物之间的相互关系和相互作用？

◆ 在灯饰设计中，什么对象关于什么特征的量值改变，会导致该对象或其他对象关于什么特征的量值发生改变？

◆ 灯的"材质"的量值和"成本"的量值，是否互相影响？

◆ 灯泡的"电压"的量值和电源的"电压"的量值，是否互相影响？

◆ 灯泡的"亮度"的量值和电源的"电压"的量值，是否互相影响？

 预备知识：相关规则

客观世界中的任何事或物，都与其他事或物存在着千丝万缕的联系，正是这些联系的存在，使得对某一对象进行变换时，会引起与它相关的对象的变化.

相关分析是根据物、事的相关性，对基元与基元之间的一种特殊关系所进行的分析. 常用的相关规则有如下三种.

相关规则 3.2.1 (同对象异特征相关) 对于两个同对象异特征基元

$$B_1 = (O, c_1, v_1) \quad 和 \quad B_2 = (O, c_2, v_2)$$

如果它们的量值之间具有某种函数关系，即 $v_1 = f_1(v_2)$ 或 $v_2 = f_2(v_1)$，则 B_1 和 B_2 为同对象异特征相关.

相关规则 3.2.2 (异对象同特征相关) 对于两个异对象同特征基元

$$B_1 = (O_1, c, v_1) \quad 和 \quad B_2 = (O_2, c, v_2)$$

如果它们的量值之间具有某种函数关系，即 $v_1 = f_1(v_2)$ 或 $v_2 = f_2(v_1)$，则 B_1 和 B_2 为异对象同特征相关.

相关规则 3.2.3 (异对象异特征相关) 对于两个异对象异特征基元

$$B_1 = (O_1, c_1, v_1) \quad 和 \quad B_2 = (O_2, c_2, v_2)$$

如果它们的量值之间具有某种函数关系，即 $v_1 = f_1(v_2)$ 或 $v_2 = f_2(v_1)$，则 B_1 和 B_2 为异对象异特征相关.

这些相关规则大多来源于常识或领域知识，也可以通过数据挖掘从数据库或知识库中获得.

基元关于某些评价特征形成的复合元之间也具有类似的相关规则，此不详述.

说明 基元的相关包括有向相关和互为相关，在不致引起混淆的情况下，有向相关通常记为 $B_1 \dot{\sim} B_2$，互为相关通常记为 $B_1 \sim B_2$. 在应用中，若无特别说明，均用符号"$\sim$"表示相关，需特别指明方向性时才应用符号"$\dot{\sim}$".

相关还分为 "与相关" 和 "或相关"，根据不同的情况，可用如下符号表示：

(1) 一个基元 B 与多个基元 $B_1,\cdots,B_m$ 的 "与相关"：$B \sim \bigwedge\limits_{i=1}^{m} B_i$;

(2) 一个基元 B 与多个基元 $B_1,\cdots,B_m$ 的 "或相关"：$B \sim \bigvee\limits_{i=1}^{m} B_i$;

(3) 一个基元 B 与多个基元 $B_1,\cdots,B_m$ 的 "单向与相关"：$B \dot{\to} \bigwedge\limits_{i=1}^{m} B_i$;

(4) 一个基元 B 与多个基元 $B_1,\cdots,B_m$ 的 "单向或相关"：$B \dot{\to} \bigvee\limits_{i=1}^{m} B_i$;

(5) 多个基元 $B_1,\cdots,B_m$ 与一个基元 B 的 "单向与相关"：$\bigwedge\limits_{i=1}^{m} B_i \dot{\to} B$;

(6) 多个基元 $B_1,\cdots,B_m$ 与一个基元 B 的 "单向或相关"：$\bigvee\limits_{i=1}^{m} B_i \dot{\to} B$.

多个基元与多个基元相关的情形，也有类似的结果，此不详述.

 **相关网方法的基本步骤**

根据上述相关规则，便可用形式化的方法描述出基元之间的这种相关关系. 由于一个基元与其他基元之间的关系形如网状结构，故称其为相关网. 相关树是相关网的特例. 用符号表示如图 3.2.1 所示.

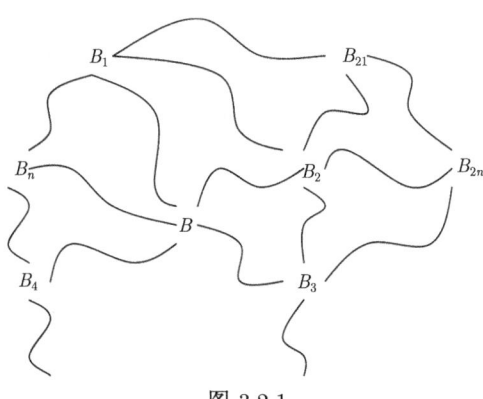

图 3.2.1

在相关网中，一个基元的改变，会导致网中与其相关的其他基元的变化. 一般说来，相关网都是动态的，但在给定的时刻，对给定的基元，它的相关网是唯一确定的.

通过相关网寻找解决矛盾问题的路径的方法称为相关网方法. 其基本步骤如下：

(1) 写出要分析的基元 B;

(2) 利用相关规则列出基元 B 的相关网;

(3) 分析相关网, 从而确定引起基元 B 变化的基元 B_i, 或由于基元 B 的变化而引起变化的基元 B_i;

(4) 选择应用相关网中的基元 B_i 进行创新或解决矛盾问题.

说明 在进行创新或解决矛盾问题时, 有时可以采取强制解除相关关系或强制建立相关关系的方法. 这也是创新或解决矛盾问题的重要手段. 如果能注意应用, 也会获得很好的效果.

案例分析

例 3.2.1 对于灯泡而言, 根据发散规则可知, 它具有很多特征及相应的量值, 而在众多的特征中, 某些特征的量值可能与另外一些特征的量值具有相关关系, 这些关系就形成了同对象异特征相关树. 根据领域知识, 灯泡的 "亮度" 和 "瓦数" 的量值之间具有函数关系. 根据相关规则 3.2.1, 有

$$(\text{灯泡}D_1, \text{亮度}, v_{11}) \sim (\text{灯泡}D_1, \text{瓦数}, v_{21})$$

对于吊灯而言, 根据领域知识, 它的材质的量值同时与它的重量和成本的量值具有相关关系, 即有如下与相关树:

$$(\text{吊灯}D_2, \text{材质}, v_{12}) \sim (\text{吊灯}D_2, \text{重量}, v_{22}) \wedge (\text{吊灯}D_2, \text{成本}, v_{32})$$

例 3.2.2 根据领域知识, 灯泡和电源关于 "电压" 的量值之间具有函数关系; 吸顶灯和天花板关于距离地面的 "高度" 的量值之间具有函数关系; 而光管架的长度与光管的长度的量值之间也具有函数关系. 根据相关规则 3.2.2, 有

$$(\text{灯泡}D_1, \text{电压}, v_{13}) \sim (\text{电源}D_2, \text{电压}, v_{23})$$

$$(\text{吸顶灯}D_3, \text{高度}, v_{14}) \sim (\text{天花板}D_4, \text{高度}, v_{24})$$

$$(\text{光管架}D_5, \text{长度}, v_{15}) \sim (\text{光管}D_6, \text{长度}, v_{25})$$

例 3.2.3 根据领域知识, 灯泡的 "亮度" 的量值和电源的 "电压" 的量值之间具有函数关系; 吊灯的 "尺寸" 和房间的 "面积" 的量值之间具有函数关系; 台灯的 "光线强度" 与灯罩的 "材质" 的量值之间具有函数关系. 根据相关规则 3.2.3, 有

$$(\text{灯泡}D_1, \text{亮度}, v_1) \sim (\text{电源}D_2, \text{电压}, v_2)$$

$$(\text{吊灯}D_3, \text{尺寸}, v_3) \sim (\text{房间}D_4, \text{面积}, v_4)$$

$$(\text{台灯}D_5, \text{光线强度}, v_5) \sim (\text{灯罩}D_6, \text{材质}, v_6)$$

例 3.2.4 利用相关网方法分析某城市 O_1 的移入人口数量对城市其他方面的影响.

第 3 章　创意生成的依据 (1)——拓展分析方法

设 $M_1 = (O_1,$ 移入人口数量$, v_1)$，根据专业知识和统计学知识可知，M_1 有如下相关关系：

$$M_1 \sim \begin{cases} M_2 = (O_1, 人口总量, v_2) \\ M_3 = (O_1, 就业机会, v_3) \\ M_4 = (O_1, 经济增长率, v_4) \\ M_5 = (O_1, 就业人数, v_5) \end{cases}$$

且

$$M_3 \sim M_5 \sim \begin{cases} M_{51} = (建筑业 O_{51}, 就业人数, v_{51}) \\ \quad \sim M_{511} = (建筑业 O_{51}, 城建工程量, v_{511}) \\ M_{52} = (服务业 O_{52}, 就业人数, v_{52}) \\ \quad \sim M_{521} = (服务业 O_{52}, 服务项目数量, v_{521}) \\ M_{53} = (商业 O_{53}, 就业人数, v_{53}) \\ \quad \sim M_{531} = (商业 O_{53}, 活跃度, v_{531}) \end{cases} \sim M_4$$

$$M_2 \sim \begin{cases} M_{21} = (O_1, 住房需求量, v_{21}) \sim M_{511} \\ M_{22} = (O_1, 学位需求量, v_{22}) \\ \quad \sim M_{221} = (O_1, 师资需求量, v_{221}) \\ M_{23} = (O_1, 交通需求量, v_{23}) \\ \quad \sim M_{231} = (O_1, 道路拥挤程度, v_{231}) \\ M_{24} = (O_1, 饮食需求量, v_{24}) \sim M_{521} \end{cases}$$

由此分析得如下相关网：

$$M_1 \sim \begin{cases} M_2 \sim \begin{cases} M_{21} \sim M_{511} \\ M_{22} \sim M_{221} \\ M_{23} \sim M_{231} \\ M_{24} \sim M_{521} \end{cases} \\ M_3 \sim M_5 \sim \begin{cases} M_{51} \sim M_{511} \\ M_{52} \sim M_{521} \\ M_{53} \sim M_{531} \end{cases} \sim M_4 \end{cases}$$

城市的管理者在解决各种矛盾问题时,一定要注意考虑各种相关网,否则会在解决了一个矛盾问题的同时,又产生另一些矛盾问题.

3.3 蕴含系方法

"围魏救赵"——战国时齐军用围攻魏国的方法,迫使魏国撤回攻打赵国的部队而使赵国得救.后指袭击敌人后方的据点以迫使进攻之敌撤退的战术.

◆ 为什么通过"围魏"可以实现"救赵"的目标?
◆ 您能想到什么问题可以用这种方法解决?
◆ 当某个目标不容易实现时,您一般是如何做的?

 预备知识:蕴含的定义与蕴含规则

蕴含分析是根据物、事和关系的蕴含性,以基元为形式化工具而对物、事或关系进行的形式化分析.

蕴含包括因果蕴含和存在蕴含两种,它们又有无条件蕴含和条件蕴含:

因果蕴含 设 B_1, B_2 为两个基元,若 B_1 实现必有 B_2 实现,则称基元 B_1 蕴含基元 B_2,记作 $B_1 \Rightarrow B_2$. 若在条件 l 下,B_1 实现必有 B_2 实现,则称在条件 l 下 B_1 蕴含 B_2,记作 $B_1 \Rightarrow (l)B_2$.

不论是 $B_1 \Rightarrow B_2$,还是 $B_1 \Rightarrow (l)B_2$,我们通常称 B_1 为下位基元,B_2 为上位基元.

存在蕴含 设 B_1, B_2 为两个基元,若 B_1 存在必有 B_2 存在,则称基元 B_1 蕴含基元 B_2,记作 $B_1 \Rightarrow B_2$. 若在条件 l 下,B_1 存在必有 B_2 存在,则称在条件 l 下 B_1 蕴含 B_2,记作 $B_1 \Rightarrow (l)B_2$.

存在蕴含主要是物元的蕴含和关系元的蕴含;因果蕴含主要是事元的蕴含,包括目标事元的蕴含、功能事元的蕴含、需要事元的蕴含、变换的蕴含等.

蕴含规则 3.3.1 设有基元 B 和 B_1, B_2,

(a) 若 B_1 与 B_2 同时实现必有 B 实现, 则 B_1, B_2 与蕴含 B, 记作

$$B_1 \wedge B_2 \Rightarrow B$$

(b) 若 B_1 或 B_2 实现都有 B 实现, 则 B_1, B_2 或蕴含 B, 记作 $B_1 \vee B_2 \Rightarrow B$.

(c) 若 B 实现, 必有 B_1 与 B_2 同时实现, 则 B 与蕴含 B_1, B_2, 记作

$$B \Rightarrow B_1 \wedge B_2$$

(d) 若 B 实现, 必有 B_1 或 B_2 实现, 则 B 或蕴含 B_1, B_2, 记作 $B \Rightarrow B_1 \vee B_2$. 此规则类似于 (c).

上述规则还可以推广到更一般的情况:

$$B \Rightarrow \bigwedge_{i=1}^{n} B_i, \quad B \Rightarrow \bigvee_{i=1}^{n} B_i, \quad \bigwedge_{i=1}^{n} B_i \Rightarrow B, \quad \bigvee_{i=1}^{n} B_i \Rightarrow B$$

蕴含规则 3.3.2 若 $B_1 \Rightarrow B_2, B_2 \Rightarrow B_3$, 则 $B_1 \Rightarrow B_3$, 也可记作

$$B_1 \Rightarrow B_2 \Rightarrow B_3$$

蕴含规则 3.3.3 若 $B_{11} \wedge B_{12} \Rightarrow B_1, B_{21} \wedge B_{22} \Rightarrow B_2$, 且 $B_1 \wedge B_2 \Rightarrow B$, 则

$$B_{11} \wedge B_{12} \wedge B_{21} \wedge B_{22} \Rightarrow B$$

此规则表明, 在与蕴含中, 最下位基元的全体蕴含最上位基元.

蕴含规则 3.3.4 若 $B_{11} \vee B_{12} \Rightarrow B_1, B_{21} \vee B_{22} \Rightarrow B_2$, 且 $B_1 \vee B_2 \Rightarrow B$, 则

$$B_{11} \vee B_{12} \vee B_{21} \vee B_{22} \Rightarrow B$$

此规则表明, 在或蕴含中, 最下位的每一基元都蕴含最上位基元.

由上述规则所形成的系统称为基元蕴含系统, 简称基元蕴含系. 基元蕴含系的一般形式为

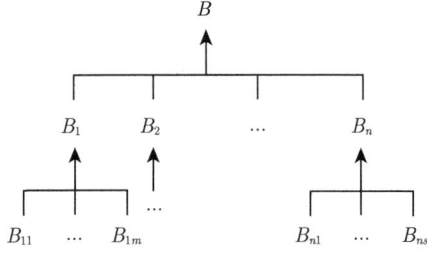

上述蕴含系可以是"与蕴含系",也可以是"或蕴含系",还可以是"与或蕴含系". 由此可见,蕴含系可以是多层的. 当上位基元不易实现时,我们可以寻找它的下位基元,如果下位基元易于实现,则认为找到了创新或解决矛盾问题的路径.

 **蕴含系方法的基本步骤**

蕴含系方法是根据上述的蕴含规则,对某个基元进行分析,以寻找创新或解决矛盾问题的路径的方法. 其基本步骤如下:

(1) 列出要分析的基元、变换或问题;

(2) 根据领域知识、常识知识和蕴含规则,建立蕴含系;

(3) 根据解决问题的过程出现的新信息,在蕴含系的某层增加或截断蕴含系,若无新信息,则进入下一步;

(4) 通过实现最下位基元,以使最上位基元实现,从而找到创新或解决矛盾问题的路径.

不论何种蕴含系,都有"与蕴含系""或蕴含系"和"与或蕴含"之分,在具体应用时一定要注意它们的区别.

利用蕴含系方法,当某个基元不易实现时,可以寻找或制造它的下位基元及下下位基元,只要实现其中一个,即可实现最终目标,解决问题. 与相关网方法相仿,在创新或解决矛盾问题时,也可以采取强制建立或解除蕴含关系的手段.

案例分析

例 3.3.1 对于某个重量为 1000g 的吊灯而言,它的灯座、灯架等都是它的组成部分,如果灯座的重量是 300g,灯架的重量是 500g,则有如下物元的存在蕴含系:

(吊灯D, 重量, 1000g) $\Rightarrow$ (灯座D_1, 重量, 300g) $\wedge$ (灯架D_2, 重量, 500g)

例 3.3.2 对于某个壁灯而言,如果它能提供热量,那么它就能产生温度,进而加热墙壁. 这是壁灯的功能的因果蕴含,则有如下事元的蕴含系:

$$\begin{bmatrix} 提供, & 支配对象, & 热量 \\ & 工具, & 壁灯D \end{bmatrix} \Rightarrow \begin{bmatrix} 产生, & 支配对象, & 温度 \\ & 工具, & 壁灯D \end{bmatrix}$$

$$\Rightarrow \begin{bmatrix} 加热, & 支配对象, & 墙壁 \\ & 工具, & 壁灯D \end{bmatrix}$$

例 3.3.3 如果某个企业的目标是 "提高销售量", 则根据领域知识, 可对此目标进行如下蕴含分析 (图 3.3.1):

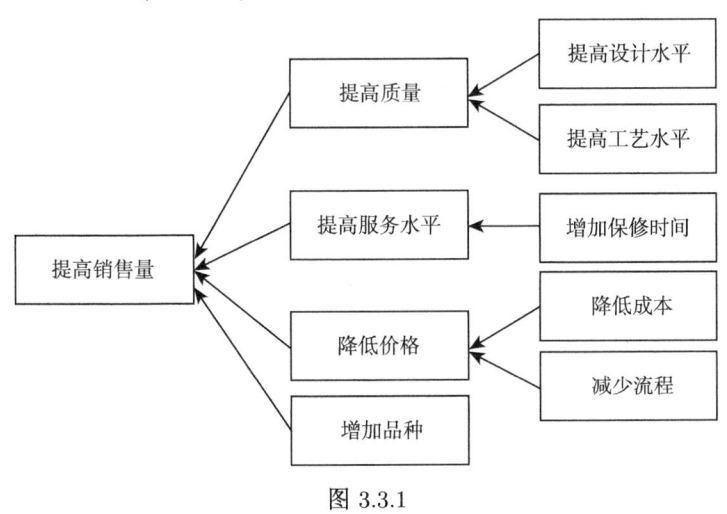

图 3.3.1

这是目标的蕴含系, 可根据企业的具体情况, 用事元的与蕴含系进行更细化的分析如下:

$$\begin{bmatrix} 提高, & 支配对象, & 销售量 \\ & 接受对象, & 产品D \\ & 程度, & 10\% \\ & 时间, & 1 年 \end{bmatrix}$$

$$\Leftarrow \begin{Bmatrix} \begin{bmatrix} 提高, & 支配对象, & 质量 \\ & 接受对象, & 产品D \end{bmatrix} \Leftarrow \begin{Bmatrix} \begin{bmatrix} 提高, & 支配对象, & 设计水平 \\ & 接受对象, & 产品D \end{bmatrix} \\ \begin{bmatrix} 提高, & 支配对象, & 工艺水平 \\ & 接受对象, & 产品D \end{bmatrix} \end{Bmatrix} \\ \begin{bmatrix} 提高, & 支配对象, & 服务水平 \\ & 程度, & 50\% \end{bmatrix} \Leftarrow \begin{bmatrix} 增加, & 支配对象, & 保修时间 \\ & 数量, & 5 年 \end{bmatrix} \\ \begin{bmatrix} 降低, & 支配对象, & 价格 \\ & 程度, & 5\% \end{bmatrix} \Leftarrow \begin{Bmatrix} \begin{bmatrix} 降低, & 支配对象, & 成本 \\ & 程度, & 10\% \end{bmatrix} \\ \begin{bmatrix} 减少, & 支配对象, & 流程 \\ & 程度, & 20\% \end{bmatrix} \end{Bmatrix} \\ \begin{bmatrix} 增加, & 支配对象, & 品种 \\ & 数量, & 5 \end{bmatrix} \end{Bmatrix}$$

说明 符号 "$\Leftarrow$" 或 "$\Rightarrow$" 表示与蕴含,符号 "$\Leftarrow$" 或 "$\Rightarrow$" 表示或蕴含. 在具体应用时,要根据实际情况选择使用.

> **延伸知识:功能与作用的联系与区别**
> (1) 功能和作用是两个既相互联系又相互区别的概念;
> (2) 功能是事物内部固有的效能,它是由事物内部要素结构所决定的,是一种内在于事物内部相对稳定独立的机制;
> (3) 作用是事物与外部环境发生关系时所产生的外部效应;
> (4) 同样的功能对外界的作用,既可能是正面作用,又可能是负面作用,这要看功能与外部环境的互动方式;
> (5) 一般来说,功能是作用产生的内部根据和前提基础,客观需要是测评产生作用的外部条件,作用就是测评的功能与客观需要相结合而产生的实际效能.

例 3.3.4 从灯泡的功能考虑,它会产生热量,那么就会有如下功能的蕴含系(图 3.3.2),其中有的是正作用,有的是副作用.

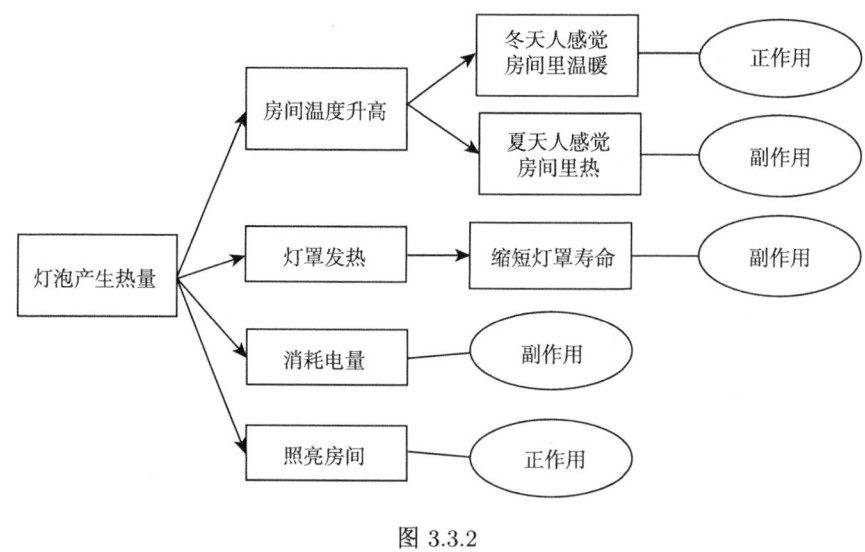

图 3.3.2

该功能的蕴含系也可以用事元的蕴含系进一步细化表示为

$$\begin{bmatrix} 产生, & 支配对象, & 热量 \\ & 工具, & 灯泡 D_1 \end{bmatrix}$$

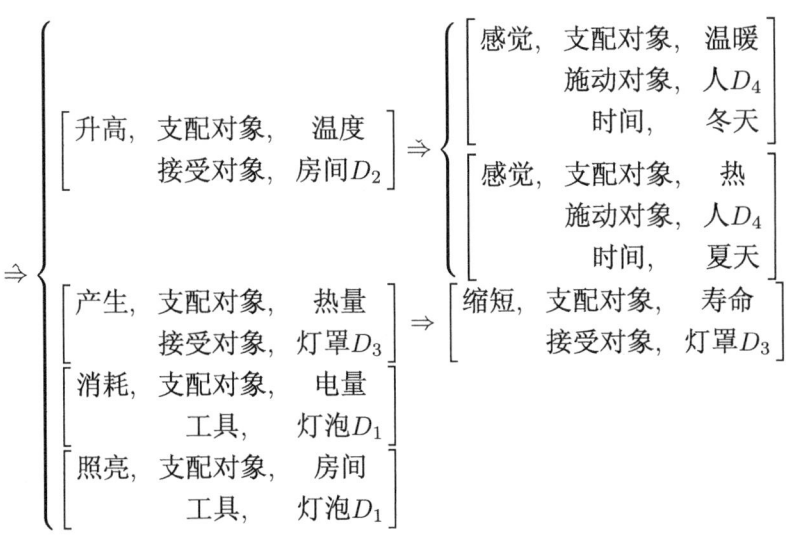

例 3.3.5 如果消费者需要"为房间提供色彩",则可对消费者的需要进行蕴含分析,获得如下蕴含系(图 3.3.3):

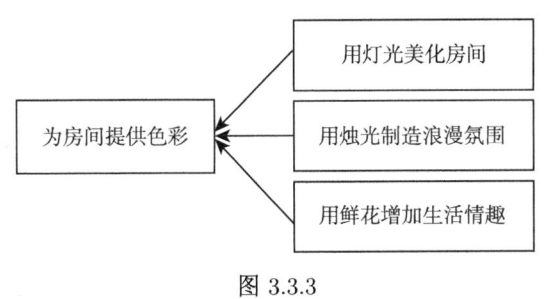

图 3.3.3

该需要的蕴含系也可以用事元的蕴含系进一步细化表示为

$$\begin{bmatrix} 提供, & 支配对象, & 色彩 \\ & 接受对象, & 房间D_1 \end{bmatrix} \Leftarrow \begin{Bmatrix} \begin{bmatrix} 美化, & 支配对象, & 房间D_1 \\ & 工具, & 灯光 \end{bmatrix} \\ \begin{bmatrix} 制造, & 支配对象, & 浪漫氛围 \\ & 工具, & 烛光 \end{bmatrix} \\ \begin{bmatrix} 增加, & 支配对象, & 生活情趣 \\ & 工具, & 鲜花 \end{bmatrix} \end{Bmatrix}$$

例 3.3.6 灯的光源类型与灯的结构、制作工艺、成本具有一系列相关关系,根据领域知识和 3.2 节的相关网方法,有如下物元相关网:

(灯 D, 光源类型, v_1) ~ (灯 D, 结构, v_2) ~ (灯 D, 制作工艺, v_3) ~ (灯 D, 成本, v_4)

当希望改变灯的光源类型时,它的相关网中的其他物元也会发生相应的改变,改变的结果就形成了变换的蕴含系 (实质是传导变换,将在第 5 章详细介绍).

例 3.3.7   如果 D_1 是 D_2 的爷爷, D_3 是 D_1 的儿子, D_3 是 D_2 的父亲, 则必有如下关系元的蕴含系:

$$\begin{bmatrix} 祖孙关系, & 前项, & D_1 \\ & 后项, & D_2 \end{bmatrix} \Rightarrow \begin{cases} \begin{bmatrix} 父子关系, & 前项, & D_1 \\ & 后项, & D_3 \end{bmatrix} \\ \begin{bmatrix} 父子关系, & 前项, & D_3 \\ & 后项, & D_2 \end{bmatrix} \end{cases}$$

对某台灯而言, 如果灯罩与灯座具有上下关系, 则灯泡与灯座也具有上下关系, 即有如下关系元的蕴含系:

$$\begin{bmatrix} 上下关系, & 前项, & 灯罩D_1 \\ & 后项, & 灯座D_2 \end{bmatrix} \Rightarrow \begin{bmatrix} 上下关系, & 前项, & 灯泡D_1 \\ & 后项, & 灯座D_2 \end{bmatrix}$$

例 3.3.8   在灯 D_1 在房间 D_2 内的条件下, 即 $l=$(灯D_1, 位置, 房间D_2), 具有如下事元的条件蕴含系:

$$\begin{bmatrix} 打开, & 支配对象, & 灯D_1 \\ & 施动对象, & 人D_3 \end{bmatrix} \Rightarrow (l) \begin{bmatrix} 照亮, & 支配对象, & 房间D_2 \\ & 工具, & 灯D_1 \end{bmatrix}$$

$$\Rightarrow (l) \begin{bmatrix} 拥有, & 支配对象, & 光线 \\ & 位置, & 房间D_2 \end{bmatrix}$$

$$\Rightarrow (l) \begin{bmatrix} 看, & 支配对象, & 书 \\ & 施动对象, & 人D_3 \\ & 位置, & 房间D_2 \\ & 时间, & 晚上 \end{bmatrix}$$

例 3.3.9   对于灯饰行业而言, 面对消费者 "装饰房间" 的笼统需要, 可对该需要进行蕴含分析, 找到更具体的下位需要, 以更有针对性地创造产品, 满足消费者的需要. 比如:

(装饰, 支配对象, 房间D_1)

$$\Leftarrow \begin{cases} \begin{bmatrix} 装饰, & 支配对象, & 房间D_1 \\ & 方式, & 色彩 \end{bmatrix} \Leftarrow \begin{bmatrix} 安装, & 支配对象, & 彩灯D_2 \\ & 位置, & 房间D_1 \end{bmatrix} \\ \begin{bmatrix} 装饰, & 支配对象, & 房间D_1 \\ & 方式, & 布艺 \end{bmatrix} \Leftarrow \begin{bmatrix} 安装, & 支配对象, & 灯罩D_3 \\ & 位置, & 房间D_1 \end{bmatrix} \\ \begin{bmatrix} 装饰, & 支配对象, & 房间D_1 \\ & 方式, & 光线 \end{bmatrix} \Leftarrow \begin{bmatrix} 放置, & 支配对象, & 发光物D_4 \\ & 位置, & 房间D_1 \end{bmatrix} \end{cases}$$

3.4 分合链方法

♦ 如何用一把刻度是 mm 的尺子测量一张很薄的纸的厚度?
♦ 为什么回收旧电器的人常常把旧电器拆解后再销售?
♦ 开学季,文具商常常把多种文具搭配,捆绑,优惠销售,是什么道理?
♦ 把动画片里的卡通人物形象做成与人一样大,放在游乐场里,有什么作用?

这类方法在创新或解决矛盾问题时经常用到.

 预备知识：可扩规则

事、物和关系可以组合、分解及扩缩的可能性,分别称为可组合性、可分解性和可扩缩性,统称为可扩性.

根据可组合性,一个事物可以与其他事物结合起来生成新的事物,从而提供解决矛盾问题的可能性;根据可分解性,一个事物也可以分解为若干新的事物,它们具有原事物不具有的某些特性,从而为解决矛盾问题提供可能性;同样,一个事物也可以通过扩大或缩小,为解决矛盾问题提供可能性.

将事、物和关系用基元表示后,就可以对基元进行可扩分析,包括可组合、可分解、可扩缩分析.

可扩规则 3.4.1 (可组合规则)   给定基元 $B_1 = (O_1, c_1, v_1)$,则至少存在一个基元 $B_2 = (O_2, c_2, v_2)$,使 B_1 和 B_2 可以组合成 B,称 B_2 是 B_1 的可组合基元,这时

$$B = B_1 \oplus B_2$$
$$= \begin{cases} (O_1,\ c_1 \oplus c_2,\ v_1 \oplus v_2) = \begin{bmatrix} O_1, & c_1, & v_1 \\ & c_2, & v_2 \end{bmatrix}, & O_1 = O_2,\ c_1 \neq c_2 \\ (O_1 \oplus O_2,\ c_1,\ v_1 \oplus v_2), & O_1 \neq O_2,\ c_1 = c_2 \\ \begin{bmatrix} O_1 \oplus O_2, & c_1, & v_1 \oplus c_1(O_2) \\ & c_2, & c_2(O_1) \oplus v_2 \end{bmatrix}, & O_1 \neq O_2,\ c_1 \neq c_2 \end{cases}$$

对物元而言, 可组合规则有如下两种形式:

(1) **可加规则**　给定物元 $M_1 = (O_{m1}, c_{m1}, c_{m1}(O_{m1}))$, 则至少存在一个物元

$$M_2 = (O_{m2}, c_{m2}, c_{m2}(O_{m2}))$$

其中 O_{m1} 与 O_{m2} 可以构成聚合物, 即 O_{m1} 与 O_{m2} 是可加物, 使

$$M_1 \oplus M_2 = \begin{cases} (O_{m1} \oplus O_{m2}, c_{m1}, c_{m1}(O_{m1}) \oplus c_{m1}(O_{m2})), & c_{m1} = c_{m2} \\ \begin{bmatrix} O_{m1} \oplus O_{m2}, & c_{m1}, & c_{m1}(O_{m1}) \oplus c_{m1}(O_{m2}) \\ & c_{m2}, & c_{m2}(O_{m1}) \oplus c_{m2}(O_{m2}) \end{bmatrix}, & c_{m1} \neq c_{m2} \end{cases}$$

特别地, 当 $O_{m1} = O_{m2}, c_{m1} \neq c_{m2}$ 时, 有

$$M_1 \oplus M_2 = \begin{bmatrix} O_{m1}, & c_{m1}, & c_{m1}(O_{m1}) \\ & c_{m2}, & c_{m2}(O_{m1}) \end{bmatrix}$$

即两个同物不同征物元可构成一个二维物元.

物元的这一可加规则说明, 当某一物元不能满足解决问题的需要时, 可以考虑加上另一物元, 使它们组合起来共同用于解决问题. 若用 M_1 不能吸引顾客, 而 M_2 可以给顾客一个惊喜, 则 $M_1 \oplus M_2$ 后即可达到促销的目的. 可加物元可以根据发散规则获得.

根据此规则, 若单纯应用某一物元无法使矛盾问题化解, 则可考虑把多个物元聚合起来解决矛盾问题.

(2) **可积规则**　给定物元 $M_1 = (O_{m1}, c_{m1}, c_{m1}(O_{m1}))$, 则至少存在一个同维物元

$$M_2 = (O_{m2}, c_{m2}, c_{m2}(O_{m2}))$$

使 M_1 和 M_2 构成一个新的物元, 其中 O_{m1} 与 O_{m2} 可以构成系统, 这时称 O_{m1} 与 O_{m2} 是可积的, 即

$$M_1 \otimes M_2 = \begin{cases} (O_{m1} \otimes O_{m2}, c_{m1} \otimes c_{m2}, c_{m1}(O_{m1}) \otimes c_{m2}(O_{m2})), & c_{m1}与c_{m2}可积 \\ \begin{bmatrix} O_{m1} \otimes O_{m2}, & c_{m1}, & c_{m1}(O_{m1} \otimes O_{m2}) \\ & c_{m2}, & c_{m2}(O_{m1} \otimes O_{m2}) \end{bmatrix}, & c_{m1}与c_{m2}不可积 \end{cases}$$

特别地, 当 $O_{m1} \neq O_{m2}, c_{m1} = c_{m2}$ 时, 有

$$M_1 \otimes M_2 = (O_{m1} \otimes O_{m2}, c_{m1}, c_{m1}(O_{m1}) \otimes c_{m1}(O_{m2}))$$
$$\triangleq (O_{m1} \otimes O_{m2}, c_{m1}, c_{m1}(O_{m1} \otimes O_{m2}))$$

其中 $c_{m1}(O_{m1} \otimes O_{m2}) = c_{m1}(O_{m1}) \otimes c_{m1}(O_{m2})$.

当 $O_{m1} = O_{m2}, c_{m1} \neq c_{m2}$ 时, 有

$$M_1 \otimes M_2 = \begin{cases} (O_{m1}, c_{m1} \otimes c_{m2}, c_{m1}(O_{m1}) \otimes c_{m2}(O_{m1})), & c_{m1} \text{ 与 } c_{m2} \text{ 为可积} \\ \begin{bmatrix} O_{m1}, & c_{m1}, & c_{m1}(O_{m1}) \\ & c_{m2}, & c_{m2}(O_{m1}) \end{bmatrix}, & c_{m1} \text{ 与 } c_{m2} \text{ 不可积} \end{cases}$$

物元的可加规则和可积规则是物元组合的两种形式, 可加规则的实质是聚合, 可积规则的实质是构成系统.

可积规则也是我们通常所采用的 "以有余补不足" 的做法的理论依据. 对于劣势条件, 可通过发散规则, 找出可与其组合的优势条件, 从而化解矛盾.

此外, 根据可积规则, 对 n 个同征物元构成的系统, 通过组合前后某特征的量值大小, 可以判断组合的效果. 即若

$$M_1 = (O_{m1}, c_m, c_m(O_{m1}))$$
$$M_2 = (O_{m2}, c_m, c_m(O_{m2}))$$
$$\vdots$$
$$M_n = (O_{mn}, c_m, c_m(O_{mn}))$$
$$M_1 \otimes M_2 \otimes \cdots \otimes M_n = (O_{m1} \otimes O_{m2} \otimes \cdots \otimes O_{mn}, c_m,$$
$$c_m(O_{m1}) \otimes c_m(O_{m2}) \otimes \cdots \otimes c_m(O_{mn}))$$
$$\triangleq (O_m, c_m, c_m(O_m))$$

$c_m(O_m)$ 与原量值之和 $\sum_{i=1}^{n} c_m(O_{mi})$ 的关系可以有以下三种情况:

(a) 若 $c_m(O_m) > \sum_{i=1}^{n} c_m(O_{mi})$, 说明组合后的量值大于原量值之和;

(b) 若 $c_m(O_m) = \sum_{i=1}^{n} c_m(O_{mi})$, 说明组合后的量值等于原量值之和;

(c) 若 $c_m(O_m) < \sum_{i=1}^{n} c_m(O_{mi})$, 说明组合后的量值小于原量值之和.

这也说明了 "三个臭皮匠, 胜过一个诸葛亮" 和 "三个和尚没水喝" 的不同结果, 是由组合后的内部关系导致的. 更深层次的原因将在第 4 章中介绍.

可扩规则 3.4.2 (可分解规则) 某些基元可以按一定的条件分解为若干基元, 即设 $B = (O, c, c(O))$, $B_i = (O_i, c, c(O_i))$, $i = 1, 2, \cdots, n$, 则在一定的条件 ℓ 下, 对某一特征 c, 有

$$(O, c, c(O))//(\ell)\{(O_1, c, c(O_1)), (O_2, c, c(O_2)), \cdots, (O_m, c, c(O_m))\}$$

记作 $B//(\ell)\{B_1, B_2, \cdots, B_m\}$.

显然,不同的条件有不同的分解形式,也即 B 可以分解为多组基元

$$B_i = \{B_{i1}, B_{i2}, \cdots, B_{im_i}\}, \quad i = 1, 2, \cdots, n$$

利用可分解规则,若某物 $O_m = O_{m1} \otimes O_{m2} \otimes \cdots \otimes O_{mn}$,即 O_m 可分解为

$$O_m//\{O_{m1}, O_{m2}, \cdots, O_{mn}\}$$

则 O_m 至少存在一个特征 c_m,有

$$(O_m, c_m, c_m(O_m))//\{(O_{m1}, c_m, c_m(O_{m1})), (O_{m2}, c_m, c_m(O_{m2})), \cdots, (O_{mn}, c_m, c_m(O_{mn}))\}$$

且分解前物 O_m 的量值 $c_m(O_m)$ 与分解后各物的量值之和 $\sum_{i=1}^{n} c_m(O_{mi})$ 的关系有如下三种情况:

(a) 若 $\sum_{i=1}^{n} c_m(O_{mi}) > c_m(O_m)$,说明分解后各物关于特征 c_m 的量值之和大于原物 O_m 关于 c_m 的量值;

(b) 若 $\sum_{i=1}^{n} c_m(O_{mi}) = c_m(O_m)$,说明分解后各物关于特征 c_m 的量值之和等于原物 O_m 关于 c_m 的量值;

(c) 若 $\sum_{i=1}^{n} c_m(O_{mi}) < c_m(O_m)$,说明分解后各物关于特征 c_m 的量值之和小于原物 O_m 关于 c_m 的量值.

可扩规则 3.4.3 (可扩缩规则) 某些基元在一定条件下可以扩大或缩小,即设 $B = (O, c, v)$,在一定条件 ℓ 下,必存在实数 $\alpha(\alpha > 0)$,使 $\alpha B = (\alpha O, c, \alpha v)$. 当 $0 < \alpha < 1$ 时,称基元 B 可缩小为 αB;当 $\alpha > 1$ 时,称基元 B 可扩大为 αB,其中 αO 表示量值为 αv 的对象.

案例分析

例 3.4.1 把台灯的照明功能和温度计的测温功能组合起来,就是一个能测量房间温度的多功能台灯 D'. 根据可扩规则 3.4.1,有

$$\begin{bmatrix} 照亮, & 支配对象, & 房间 \\ & 工具, & 台灯 D_1 \end{bmatrix} \oplus \begin{bmatrix} 测量, & 支配对象, & 温度 \\ & 工具, & 温度计 D_2 \end{bmatrix}$$

$$= \begin{bmatrix} 照亮 \oplus 测量, & 支配对象, & 房间 \oplus 温度 \\ & 工具, & 台灯 D' \end{bmatrix}$$

其中, 台灯 $D' = $ 台灯 $D_1 \oplus$ 温度计 D_2.

例 3.4.2 设 $M_1 = ($壁灯D_1, 成本, 100 元$) = (O_{m1}, c_{m1}, c_{m1}(O_{m1}))$, 根据可扩规则 3.4.1, 至少可以找到一个物元 $M_2 = ($灯罩D_2, 美观度, 好$) = (O_{m2}, c_{m2}, c_{m2}(O_{m2}))$, 使

$$M_1 \oplus M_2 = \begin{bmatrix} O_{m1} \oplus O_{m2}, & c_{m1}, & c_{m1}(O_{m1}) \oplus c_{m1}(O_{m2}) \\ & c_{m2}, & c_{m2}(O_{m1}) \oplus c_{m2}(O_{m2}) \end{bmatrix}$$

若 $c_{m1}(O_{m2}) = 50$ 元, $c_{m2}(O_{m1}) = $ 一般, 则

$$M_1 \oplus M_2 = \begin{bmatrix} \text{壁灯}D_1 \oplus \text{灯罩}D_2, & \text{成本}, & 100 \text{ 元} \oplus 50 \text{ 元} \\ & \text{美观度}, & \text{一般} \oplus \text{好} \end{bmatrix}$$

例 3.4.3 设 $M_1 = ($灯管D_1, 功率, 40W$)$, $M_2 = ($灯座D_2, 长度, 1m$)$, 则

$$M_1 \oplus M_2 = \begin{bmatrix} \text{灯管}D_1 \oplus \text{灯座}D_2, & \text{功率}, & 40\text{W} \oplus \varnothing \\ & \text{长度}, & a\text{m} \oplus 1\text{m} \end{bmatrix}$$

说明一个功率为 40W、长度为 am 的灯管 D_1 和一个长度为 1m 的灯座 D_2 聚合在一起. 至于这两个物元能否构成系统, 则要看 a 的取值. 一般来讲, 灯管和灯座要想匹配, 必须满足一定的要求, 这时, M_1 和 M_2 构成系统, 即

$$M_1 \otimes M_2 = \begin{bmatrix} \text{灯管}D_1 \otimes \text{灯座}D_2, & \text{功率}, & 40\text{W} \\ & \text{长度}, & a\text{m} \otimes 1\text{m} \end{bmatrix} (a < 1)$$

例 3.4.4 一把筷子 O_m 由 10 根筷子 $O_{m1}, O_{m2}, \cdots, O_{m10}$ 组成, 即

$$O_m = O_{m1} \otimes O_{m2} \otimes \cdots \otimes O_{m10}$$

设 c_1 为强度特征, 记 $M_1 = (O_m, c_1, v_1)$, $M_{1i} = (O_{mi}, c_1, v_{1i})$, $i = 1, 2, \cdots, 10$, 则有

$$v_1 > \sum_{i=1}^{10} v_{1i}$$

设 c_2 为重量特征, 记 $M_2 = (O_m, c_2, v_2)$, $M_{2i} = (O_{mi}, c_2, v_{2i})$, $i = 1, 2, \cdots, 10$, 则有

$$v_2 = \sum_{i=1}^{10} v_{2i}$$

设 c_3 为长度特征, 记 $M_3 = (O_m, c_3, v_3)$, $M_{3i} = (O_{mi}, c_3, v_{3i})$, $i = 1, 2, \cdots, 10$, 则有

$$v_3 < \sum_{i=1}^{10} v_{3i}$$

例 3.4.5　利用吊灯对光线的分解控制, 形成不同的图案, 起到装饰房间的作用. 根据可扩规则 3.4.2, 设 t 为时间参数, 有

(吊灯 $D(t)$, 灯光图案, 菱形)
//{(吊灯 $D(t_1)$, 灯光图案, 菱形), (吊灯 $D(t_2)$, 灯光图案, 圆形),
(吊灯 $D(t_3)$, 灯光图案, 正方形), (吊灯 $D(t_4)$, 灯光图案, 混合形)}

例 3.4.6　对壁灯的照射角度的扩大或缩小, 形成不同的图案, 起到装饰房间的作用.

假设 $M =$ (壁灯 D, 照射角度, 30 度), 根据可扩规则 3.4.3, 该壁灯的照射角度可以扩大 4 倍, 有 $4M =$ (壁灯 D', 照射角度, 120 度), 则形成一款新式壁灯.

分合链方法的基本步骤

分合链方法是根据上述可扩规则, 利用领域知识判断基元组合、分解或扩缩的可能性, 以寻找创新或解决矛盾问题的途径的方法. 组合、分解和扩缩都是创新或解决矛盾问题的有效手段.

分合链方法的基本步骤:

(1) 将所要分析的对象用基元 B 表示;

(2) 利用发散树方法对基元 B 进行拓展, 拓展出多个基元;

(3) 根据领域知识, 判断 B 是否可与拓展出来的其他基元组合、是否可分解或可扩缩;

(4) 考察组合后的基元、分解后的基元或扩缩后的基元是否可用于创新或解决矛盾问题.

例 3.4.7　要用一把测量范围在 $0-100$mm 的普通尺子, 测量一张很薄的纸的厚度是很难的. 此问题的目标要测量的物元为

$$M = (纸 O_{m1}, 厚度, x\text{mm}), \quad x \ll 1\text{mm}$$

根据纸的可组合性 (显然无法再分解), 可寻找 M 的可组合物元

$$M_i = (纸 O_{mi}, 厚度, x\text{mm}), \quad i = 2, 3, \cdots, 100$$

则原问题的目标变为要测量如下物元

$$M' = \sum_{i=1}^{100}(O_{mi}, 厚度, x\text{mm}) = \left(\sum_{i=1}^{100}O_{mi}, 厚度, 100x\text{mm}\right)$$

显然 $100x \in \langle 1, 100 \rangle$，即 100 张纸的厚度可用尺测出，假设为 20mm，则原问题可解，即 $100x = 20$，即 $x = 0.2$mm。

例 3.4.8 在一个办公室的天花板上装有一个吸顶灯，距地面高度为 3.2m，灯管坏了需要更换，又没有梯子。某人身高只有 1.75m，摸高为 2.25m。设 $M = ($人 D, 身高, 1.75m$)$，假设此人的摸高高度比身高长 0.5m，则可以提供用于修灯的高度为 $c_{0t}(M) = 2.25$m。

下面利用拓展分析方法给出解决此矛盾问题的路径。

(1) 利用发散树方法：

$$M = (人D, 高度, 1.75\text{m}) \dashv \begin{cases} M_1 = (人D_1, 高度, 1.60\text{m}) \\ M_2 = (人D_2, 高度, 1.85\text{m}) \\ M_3 = (人D_3, 高度, 1.95\text{m}) \\ M_4 = (桌子D_4, 高度, 1.10\text{m}) \\ M_5 = (椅子D_5, 高度, 0.60\text{m}) \\ M_6 = (柜子D_6, 宽度, 1.00\text{m}) \end{cases}$$

而对于最高的人 D_3，有 $c_{0t}(M_3) = 1.95 + 0.5 = 2.45$m < 3.2m，故如此发散出的前三个物元都不能解决矛盾问题。

(2) 利用分合链方法：

$$M \oplus M_1 = (人D, 高度, 1.75\text{m}) \oplus (人D_1, 高度, 1.60\text{m})$$
$$M \oplus M_4 = (人D, 高度, 1.75\text{m}) \oplus (桌子D_4, 高度, 1.10\text{m})$$
$$M \oplus M_5 = (人D, 高度, 1.75\text{m}) \oplus (椅子D_5, 高度, 0.60\text{m})$$
$$M \oplus M_6 = (人D, 高度, 1.75\text{m}) \oplus (柜子D_6, 宽度, 1.30\text{m})$$

有

$$c_{0t}(M \oplus M_1) = 1.75 + 0.8 + 0.5 = 3.05\text{m}$$

即人 D_1 骑在人 D 的肩膀上，这时人 D_1 的摸高只能大约算半个身高加上 0.5m；

$c_{0t}(M \oplus M_4) = 1.75 + 0.5 + 1.10 = 3.35$m，即人 D 站在桌子 D_4 上；

$c_{0t}(M \oplus M_5) = 1.75 + 0.5 + 0.60 = 2.85$m，即人 D 站在椅子 D_5 上；

$c_{0t}(M \oplus M_6) = 1.75 + 0.5 + 1.30 = 3.55$m，即人 D 站在放倒的柜子 D_6 上。

由此可得到解决矛盾问题的多种可能路径。

例 3.4.9 客户向工厂 E 订购 10000 个 D 产品, 15 天之后交货. 该工厂生产该产品有两条生产线, 每条生产线每天只能生产 500 个 D 产品. 原计划能提前 5 天完成该产品生产, 但是在签订合同之后, 该工厂突然发现其中一条生产线出现重大问题, 很难在短时间内恢复生产, 那么问题就出现了, 因为一条生产线在 15 天内只能生产 7500 个产品, 还差 2500 个产品, 试问如何解决该问题?

该问题的目标事元为

$$A_g = \begin{bmatrix} 生产, & 支配对象, & 产品D \\ & 施动对象, & 工厂E \\ & 数量, & 10000 个 \\ & 时间, & 15 天 \end{bmatrix}$$

很显然, 目前的条件下, 工厂不能在 15 天内完成该产品的生产任务, 即 A_g 无法实现.

根据发散树方法, 利用发散规则 3.1.6, 对目标事元进行发散:

$$A_g \dashv \begin{cases} A_1 \\ A_2 \end{cases}$$

其中

$$A_1 = \begin{bmatrix} 生产, & 支配对象, & 产品D \\ & 施动对象, & 工厂E \\ & 数量, & 7500 个 \\ & 时间, & 15 天 \end{bmatrix}$$

$$A_2 = \begin{bmatrix} 生产, & 支配对象, & 产品D \\ & 施动对象, & 工厂F \\ & 数量, & 2500 个 \\ & 时间, & 10 天 \end{bmatrix}$$

即可以生产该产品的工厂不只工厂 E. 再根据可扩规则 3.4.1, 可得

$$A_1 \oplus A_2 = \begin{bmatrix} 生产, & 支配对象, & 产品D \\ & 施动对象, & 工厂E \oplus 工厂F \\ & 数量, & 10000 个 \\ & 时间, & 15 天 \oplus 10 天 \end{bmatrix}$$

由此可以得到解决该矛盾问题的方案: 将 2500 个 D 产品委托给该产品的其他代工工厂 F, 该厂可以用 10 天的时间完成订单, 即可解决问题.

说明 应用拓展分析方法时一定要特别注意: 单纯应用拓展分析方法只能获得创新或解决矛盾问题的路径, 要想获得新创意或解决矛盾问题的策略, 必须经过第 5 章介绍的可拓变换才能实现. 本章的例子只介绍拓展的路径, 不涉及创新或解决矛盾问题的全过程.

 思考与练习

1. 从某一现有台灯出发, 写出一个多维物元, 并利用发散树进行分析.
2. 从某一现有台灯的功能出发, 写出一个多维事元, 并利用发散树进行分析.
3. 从某一现有台灯的关系出发, 写出一个多维关系元, 并利用发散树进行分析.
4. 根据领域知识或常识, 找出某种钢笔的相关网, 并考虑可否强制建立某种相关关系或强制删除某种相关关系? 可否根据这种分析获得新产品创意?
5. 根据领域知识或常识, 找出某种激光笔的相关网, 并考虑可否强制建立某种相关关系或强制删除某种相关关系? 可否根据这种分析获得新产品创意?
6. 根据领域知识或常识, 找出某种灯的相关网, 并考虑可否强制建立某种相关关系或强制删除某种相关关系? 可否根据这种分析获得新产品创意?
7. 可否将手机分解为标准化模块化结构? 如果不同的功能放在不同的模块上, 使手机变成可 DIY 的, 消费者将会有不一样的体验. 请利用拓展分析方法从现有的手机出发拓展出这种产品创意, 并说明应用了何种拓展方法.
8. 笔可不可以做成形状可 DIY 的? 一支笔可否既是钢笔, 又是中性笔, 还是铅笔? 请利用拓展分析方法从现有的笔出发拓展出这种产品创意, 并说明应用了何种拓展方法.

第4章 创意生成的依据(2)
——共轭分析方法

内容提要

对物的结构的研究,有助于我们利用物的各个部分去解决矛盾问题. 系统论从系统的组成部分和内外关系去研究物, 这是对物的结构一个方面的描述. 通过对物的分析, 我们发现, 除了系统性以外, 物的结构还可以从物质性、动态性和对立性去研究. 相应的分析方法称为共轭对方法.

4.1 物的共轭部与共轭规则

♦ 诸葛亮的空城计凭什么能退司马懿的 15 万大军?

♦ 为什么做广告可以提高销售量?

♦ "三个臭皮匠, 胜过一个诸葛亮"和"三个和尚没水喝"的机理是什么?

♦ "祸兮福所倚, 福兮祸所伏"是什么道理?

♦ 为什么可以"废物利用""变废为宝"?

4.1.1 物的共轭部

从物的物质性、系统性、动态性和对立性出发去认识物, 能够使人更完整地了解物的结构, 更深刻地揭示物的发展变化的本质. 因此, 我们相应提出了虚实、软硬、潜显、负正这四对概念来描述物的构成, 称为物的共轭部.

1. 虚部、实部与虚实中介部

从物的物质性考虑, 任何物都由物质性部分和非物质性部分组成, 我们将物的物质性部分称为物的实部, 非物质性部分称为物的虚部.

实以为基, 虚以为用. 虚实结合, 方成一物.

比如, 房子的墙壁、天花板和地板等物质性部分是实部, 但我们是生活工作在它们围成的空间 (虚部) 里; 手机的实体是实部, 而它的品牌、形象、软件等是虚部; 对一个加工企业而言, 资金、设备、厂房、产品、人员等实体部分是其实部, 企业形象、技术、专利权等都是企业的虚部.

另外, 我们把在虚部与实部之间可以存在中介的部分, 称为虚实中介部. 例如一只空杯子, 其空间部分是其虚部的一部分, 但该杯子装了一部分水后, 杯中既有实的部分 (水), 又有虚的部分 (空间), 并随着水的多少而不断转化, 当喝完全部水后, 空间部分全部变成虚部. 在这里, 包含水的空间称为虚实中介部.

2. 软部、硬部与软硬中介部

从物的系统性考虑物的结构, 我们把物的组成部分的全体称为物的硬部, 物与它的组成部分之间及与该物以外的物之间的关系称为物的软部.

软硬结合, 方成一物. 软部是有价值的, 软部有内属关系、外属关系和外联关系等类型.

中国有两句俗话: "一个和尚挑水喝, 两个和尚抬水喝, 三个和尚没水喝" "三个臭皮匠, 胜过一个诸葛亮". 这就说明: 同样三个人, 结合得好不好, 效果完全不同. 因此, 对物的研究, 只研究其组成部分是远远不够的, 还必须深入研究其内外关系. 对于一部发生故障的机器, 有时可能每个部件都是完好的, 之所以不能运转, 只是由于某连接处 (软部) 接触不良, 或连接线断裂, 若在检测时, 不注意软部, 即使把每一个部件都检测一遍也无法查出故障的原因.

另外, 物的某些组成部分所起的作用如果是连接另外两个组成部分, 则此部分既是该物的硬部, 又是该物的软部. 为了便于对物的系统性的分析, 把这些部分称为物的软硬中介部. 如连接电脑主机和屏幕、打印机等的所有连接线, 都称为电脑的软硬中介部.

3. 潜部、显部与潜显中介部

从物的动态性考虑, 物是处于不断变化之中的, 静止永远是相对的, 变化才是永恒的. 疾病有潜伏的过程, 种子有发芽的孕育过程, 鸡蛋在一定的温度和时间内会孵化成小鸡. 我们把物的潜在的部分称为物的潜部, 显化的部分称为物的显部.

人和物都有潜在的部分和显化的部分, 潜显结合, 构成一物.

有些物的潜部在一定条件下会显化, 如母体中的胎儿 (潜在的人) 会显化成婴儿 (显化的人); 有些物的潜部在一定条件下可能不会显化, 如种子在缺水的情况下就不会发芽; 有些物的潜部可能是空集; 有些物的显部可能有潜功能或潜特征, 如有些装饮料的瓶子的潜功能是装水, 未启动的空调机有潜在的用电量; 有些物的显部可能有潜在的危险, 如手提电脑的电池如果温度过高可能会使手提电脑爆炸. 有些物的潜部可能有显功能或显特征, 如胎儿在母体中会运动、要吸收营养、有重量等.

潜部与显部相互转化的过程中必有一临界, 称这种处于临界的部分为潜显中介部, 如破壳前的小鸡、临盆前的胎儿等.

4. 负部、正部与负正中介部

从物的对立性考虑, 任何物都有对立的两个部分. 物的对立性是相对于某一特征而言的, 物关于某特征的量值是物内部产生正值的部分和产生负值的部分综合作用的结果. 我们把物关于某特征的量值取正值的部分称为物关于该特征的正部, 把物关于某特征的量值取负值的部分称为物关于该特征的负部.

另外, 在负部和正部之间, 也存在关于某特征的量值取 0 的部分, 如企业中创收和损耗平衡的机构, 关于利润而言, 其量值为 0. 把物关于某特征的量值取 0 的部分称为物关于该特征的负正中介部.

注意: "正负" 和 "利弊" 是有区别的. 例如, 对企业的利润而言, 废水、废气、废渣都需要处理, 这些部分关于利润的取值是负值, 因此是企业的负部; 由于 "三废" 会造成环境的污染, 因此是企业的 "弊端". 而对企业的利润而言, 职工福利部、幼儿园、宣传部门等关于利润的取值都是负值, 是企业的负部, 但这些部分会提高职工的工作积极性, 提升企业形象, 因此对企业是 "有利" 的部分. 也就是说, 关于某特征的负部, 也可以是对物有利的部分, 也可以是对物有弊的部分.

4.1.2 共轭规则

由以上物的共轭性可知, 物的共轭分析分为虚实共轭分析、软硬共轭分析、负正共轭分析和潜显共轭分析. 同时, 在矛盾问题的处理过程中所涉及的物, 不论是问题涉及的主体、客体, 还是资源, 都应遵循如下共轭分析规则.

共轭规则 4.1.1 任何物都具有共轭部, 且每对共轭部和它们的中介部之积都等于原物, 即若设某物为 O_m, 实部为 $\text{re}(O_m)$, 虚部为 $\text{im}(O_m)$, 虚实中介部为 $\text{mid}_{\text{re-im}}(O_m)$, 软部为 $\text{sf}(O_m)$, 硬部为 $\text{hr}(O_m)$, 软硬中介部为 $\text{mid}_{\text{sf-hr}}(O_m)$, 潜

部为 $\text{lt}(O_m)$, 显部为 $\text{ap}(O_m)$, 潜显中介部为 $\text{mid}_{\text{lt}-\text{ap}}(O_m)$, 关于特征 c 的负部为 $\text{ng}_c(O_m)$, 正部为 $\text{ps}_c(O_m)$, 负正中介部 $\text{mid}_{\text{ng}-\text{ps}}(O_m)$, 则

$$\begin{aligned}O_m &= \text{re}(O_m) \otimes \text{im}(O_m) \otimes \text{mid}_{\text{re}-\text{im}}(O_m) \\ &= \text{hr}(O_m) \otimes \text{sf}(O_m) \otimes \text{mid}_{\text{sf}-\text{hr}}(O_m) \\ &= \text{lt}(O_m) \otimes \text{ap}(O_m) \otimes \text{mid}_{\text{lt}-\text{ap}}(O_m) \\ &= \text{ng}_c(O_m) \otimes \text{ps}_c(O_m) \otimes \text{mid}_{\text{ng}-\text{ps}}(O_m)\end{aligned}$$

对于各共轭部间的中介部, 由于认识能力的限制, 目前一般不单独研究, 常常根据实际问题的需要, 把它们归为某一共轭部进行讨论.

对某些物而言, 其某一共轭部可能是空的, 其中介部也可能是空的. 如对音乐光盘而言, 盘片是其实部, 其中的音乐是其虚部; 而所谓的 "空光盘", 实际上就是虚部为空的光盘. 死去的人, 其实体是不存在的, 但其名声、精神等虚部却存在.

共轭规则 4.1.2 任一物的一对共轭部中, 某一共轭部至少有一个特征与其对应的共轭部中的某特征是相关的. 即

(1) 任何物都有虚部和实部, 同一物的虚部和实部中, 至少有一个虚特征与一个实部特征是相关的;

(2) 任何物都有软部和硬部, 同一物的软部和硬部中, 至少有一个软部特征与一个硬部特征是相关的;

(3) 任何物都有负部和正部, 同一物的负部和正部中, 至少有一个负部特征与一个正部特征是相关的;

(4) 任何物都有潜部和显部, 同一物的潜部和显部中, 至少有一个潜部特征与一个显部特征是相关的.

由上可知, 要全面分析物, 必须从其各共轭部去分析, 不仅要分析各共轭部的构成, 更要分析对应的共轭部间的相关关系. 只有这样, 才不会犯 "以偏概全" "顾此失彼" 的错误.

4.2 共轭对方法

利用共轭规则去对物进行全面分析, 并用于解决矛盾问题的方法称为共轭分析方法. 由于共轭分析是对所分析对象进行虚实、软硬、潜显、负正的成对分析, 故此方法也称为共轭对方法.

共轭对方法包括虚实共轭对方法、软硬共轭对方法、潜显共轭对方法和负正共轭对方法 (图 4.2.1).

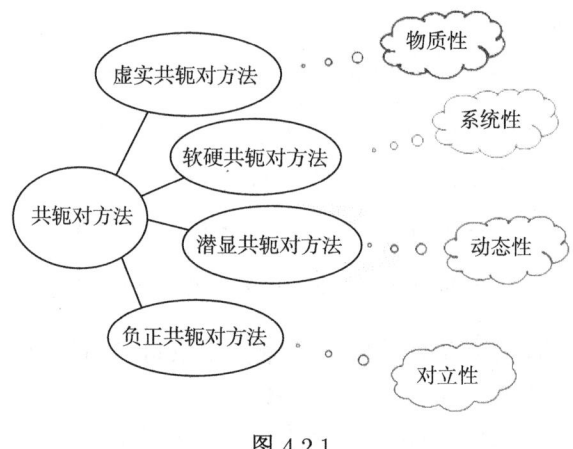

图 4.2.1

共轭对方法主要应用于对物、人、资源等的分析,并对它们进行共轭分类.

4.2.1 产品的共轭分类

应用共轭对方法对产品进行分析,可以把产品分为实产品与虚产品、硬产品与软产品、显产品与潜产品、正产品与负产品.

1. 实产品与虚产品

以物质实体满足人们需要的产品,称为实产品. 例如:食物、衣服、房子、家具等,都是实产品.

以非物质的形式满足人们需要的产品,称为虚产品. 例如:音乐作品、舞蹈作品、电影、图书、软件等,都是虚产品. 虚产品常常以实产品作为载体. 如软件要以光盘、U 盘、移动硬盘等作为载体;图书上的文字和图画要以纸作为载体.

2. 硬产品与软产品

满足人们构成某系统的硬部的需要的产品为硬产品,例如:电脑的主机、显示屏、音箱、鼠标、键盘等,都属于电脑系统的硬产品. 满足人们建立某些关系的需要的产品称为软产品,例如:电脑的各组成部分的连接线、螺丝钉等,都属于电脑系统的软产品.

3. 显产品与潜产品

能马上满足人们某种需要的产品称为显产品,具有某种潜在功能的产品称为潜产品. 这种潜在的功能实际上已经客观存在,只是它的显化尚需人们的认识和开发. 例如:儿童玩具的包装盒,可以作为凳子让小朋友坐,该包装盒就是一款潜产品.

4. 正产品与负产品

对某特征而言,对人们有利的产品称为关于该特征的正产品,对人们不利的产品称为负产品,如对人们的健康而言,食物、水等是正产品,而砒霜则是负产品. 但在治疗某种疾病时,砒霜又有利于人体恢复健康,这时,它是正产品. 因此,正、负产品是相对其功能所满足的需要而言的.

4.2.2 资源的共轭分类

1. 虚实共轭资源

从资源的物质性考虑,资源可分为实资源和虚资源. 物质性资源称为实资源;非物质性资源称为虚资源.

实资源是物质性的资源,如企业的人员、资金、厂房、设备、土地等有形资产;虚资源是非物质性的资源,如企业人员的智力、知识、名声、品牌、专利、信息,甚至时间和空间等.

大多数企业对实资源都有足够的重视,近年来很多企业对部分虚资源也有了较深的认识. 如对品牌、专利、信息、智力资源等都有专门的研究. 尽管很早就有人提出"时间就是金钱",但目前还很少有论著专门研究时间、空间资源的利用问题.

另外,随着技术的不断进步、互联网时代的到来,"注意力""点击量""好评"这些以前从未被重视的东西,也被看成了非常重要的虚资源.

2. 软硬共轭资源

从资源的系统性考虑,资源又可分为硬资源与软资源. 组成资源的部分称为硬资源,各种关系资源称为软资源.

企业的硬资源包括资金、厂房、设备、人员等资源的组成部分,此处不详述;企业的软资源包括企业内部资源间的各种关系,企业与外部的各种关系等,换句话说,软资源就是企业的关系资源. 企业的软资源越丰富,质量越高,企业的成功率就越高.

要特别注意软资源的开拓和利用. 销售产品时,要考虑与顾客的关系,与工商、税务等部门的关系;融资时,要考虑与金融部门的联系;做广告时,要考虑与媒体、政策法规部门的关系;组织大型活动时,要考虑与政府部门的关系,争取政府的支持……所有这些关系,都是企业的软资源,软资源在一定的条件下会转化成企业的经济资源.

企业的大部分软资源是可控程度不高或不可控的,要想用好软资源,必须认真研究提高其可控程度的方法.

3. 负正共轭资源

从资源的对立性考虑,资源可分为正资源和负资源.

所谓正资源,是对企业的发展而言,起促进作用的资源;而负资源就是对企业的发展而言,起阻碍作用的资源.

正资源不言而喻,我们主要分析一下负资源.例如,企业的下岗待业职工在一定程度、一定时间内是企业的负资源;企业在生产过程中产生的边角废料、废水、废渣等,也是企业的负资源;对企业不利的关系资源,如企业内某人的某种恶化的内外部关系,企业由于某一问题处理不当而在市场上产生的坏名声等都是企业的负资源.如果能够开发利用,就能变废为宝,变负资源为正资源."再生资源"就是对负资源而言的,能变为正资源的,就称为可再生资源.如有些企业用边角料做成样式别致的产品,将废水处理后再利用,作为职工取暖用水,用废渣做砖、铺路等.

企业除了要利用正资源之外,还要特别注意负资源的转化利用,有些负资源是必须转化的,例如,法律法规不允许的负资源,对企业不利的关系资源等.

4. 潜显共轭资源

从资源的动态性考虑,资源又可分为显资源和潜资源.显资源是企业明显存在的,可以直接利用的资源.潜资源是企业没有明显存在,或虽然明显存在但无法使用,随着时间的推移和一定的变换,成为可以被企业利用的资源的那些资源.

例如某企业与金融部门的关系,在不需要贷款时,是企业的潜资源,一旦需要贷款,企业就可充分利用这种资源,使其显化,转变为企业经营所必需的资金.一个负债累累的企业,当它破产时也不会分文不值,因为它的厂房、设备,甚至品牌、专利等,都是潜在的资源,一旦有企业兼并,给其注入一定的资金,马上就可以发挥这些资源的作用,而使潜资源显化.

再如,未开发的石油资源,未发掘的智力资源,未利用的太空资源,企业闲置的厂房、设备等,都是潜资源.

4.2.3 产品及其共轭分析

产品是一个很普通很古老的概念,它的内涵和外延却又是在不断发展变化的.产品是企业一切活动的核心和出发点.企业要想在激烈的市场竞争中处于有利的地位,最重要的是要拥有广受消费者青睐的产品,否则,企业的一切活动就会变得毫无意义.

1. 产品的概念与结构层次

传统的产品观念认为产品是一种具有特定的物质形态和实际用途的实体.诸如电视机、各种家具、服装等.但是随着市场的逐步发展和完善,产品已不再仅仅局限于人们的视觉、听觉等知觉方面,它已突破了传统的思维局限,跨入了一个新的大产品时代。在现代市场营销理论中,产品的定义千姿百态,但细究其质,其基本宗旨都是相同的。

现代营销理论认为:一个产品一般包括三个层次,即核心层、形成层和延伸层。图 4.2.2 显示了一个产品不可或缺的组成部分。

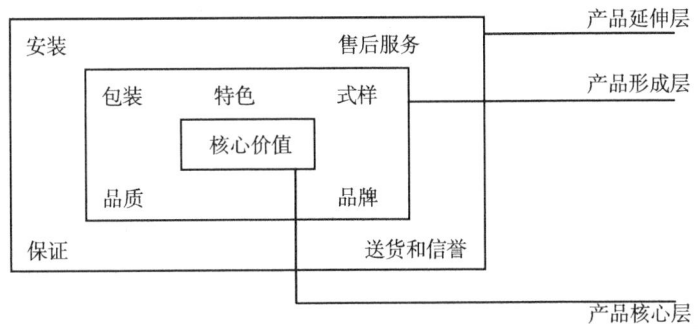

图 4.2.2　产品的结构层次

2. 产品的共轭分析

根据物的共轭性,任何一种产品都具有虚部和实部、软部和硬部、潜部和显部、负部和正部,且它们可以相互影响、相互转化。在进行产品分析时,必须从这四个角度入手,才能全面地了解产品。

1) 产品的虚部和实部

产品的物质性部分是产品的实部,而其非物质性部分则是产品的虚部。以一台彩电 D 为例,其实部、虚部及其相应的特征和量值如表 4.2.1 所示。

表 4.2.1　产品的实部与虚部

产品	共轭部	特征	量值
电视机 D	实部 (物质性部分)	质量 成本 使用寿命 色彩 外壳材质 形状 外壳颜色 重量 型号 尺寸 ⋮	优等 3000 元/台 8 年 彩色 全塑 平面直角 黑色 30KG JC-186 29″

续表

产品	共轭部	特征	量值
电视机 D	虚部 (非物质性部分)	品牌名称 商标名称 标志 品牌价值 知名度 信誉度 美誉度 ⋮	a b c d e f g ⋮

当市场上满足同一种需要的产品的同质化程度较高时, 产品的竞争不可避免地转向产品虚部的竞争, 相应地, 营销努力的诉求对象也转向了产品的虚部. 正如国外的一个著名啤酒制造商所言: "我们不卖啤酒, 我们卖的是希望." 对于不同厂家生产的相同产品, 由于品牌不同、知名度不同, 即使实部质量相同, 顾客对它们的购买兴趣也是不同的, 从而市场占有率也有很大的差异.

2) 产品的软部和硬部

产品的组成部分的全体, 如所有零部件、配件、包装物等都是产品的硬部, 而产品的各组成部分之间及该产品与其他事物之间的关系 (即内部关系与外部关系的全体), 称为产品的软部. 如对电视机而言, 电视机内部各零件之间的连接关系, 电视机与外部电源、录像机、VCD、DVD、音箱等的连接关系, 售后服务 (体现电视机与顾客、制造商、经销商和服务商的关系) 等, 统称为电视机的软部.

产品软部中的服务 (包括售前、售中、售后服务) 是产品与企业关系、产品与顾客关系、产品与销售商关系的具体化. 对产品软部的建设是极其重要的. 如果产品的结构不合理, 不方便使用, 或在产品设计时, 没有考虑到与该产品相关的其他产品的影响, 都将不利于该产品的销售. 如果服务不到位, 更会给企业带来巨大的损失.

3) 产品的潜部和显部

产品有许多明显的功能, 包括产品的使用功能和辅助功能, 这些功能多数情况下是在产品的设计阶段已经做了明确的要求. 但是由于一件产品具有很多功能, 因此, 产品也可以有很多潜在的功能. 在一定条件下, 这些潜在的功能就会显化.

例如, 大家都非常熟悉的药物阿司匹林, 原来的明显功能是治疗感冒, 但它还有一种潜在功能是可以降低血液的黏稠度. 在没有发现它的这一功能时, 人们只是把它作为治疗感冒用药. 当它的这一功能被发现 (显化) 后, 便广泛应用于心脑血管疾病的预防和治疗, 甚至于现在已经很少将它用于治疗感冒了. 注意产品的潜在特征, 防止产品的潜在危险, 是创造产品的一种方向.

4) 产品的负部和正部

一个产品具有多个特征. 对某特征而言, 它有对人们有利的部分 (产品的正部), 也有对人们不利的部分 (产品的负部). 涂料能美化居室, 这是涂料的正部, 但有的涂料中含有对人体健康有害的成分, 这就是涂料的负部 (对于人们的健康而言). 因此, 在创造产品时, 既要考虑产品的正部, 也要考虑产品的负部.

案 例 分 析

例 4.2.1 在第二次世界大战期间, 美国的汽车旅馆主要接待的是频繁调动的过往军人. 特殊年代的特殊顾客群体使得绝大多数汽车旅馆的设施简陋, 服务水平低下, 而且价格不菲. 因为在当时, 军人主要是想让经过长途行军的极度疲乏的身体得以休息和恢复, 除此之外别无他求.

然而, 到了 20 世纪 50 年代初期, 随着和平的降临和经济的逐步恢复, 汽车旅馆的顾客已从昔日调防的军人换成了商人和游客. 此外, 顾客对旅馆的要求也发生了根本性的变化:

(1) 增加了对其他大量的 "实产品" 的需求, 如期望得到干净整洁的床上用品、香皂、香波和毛巾、排水设备、衣橱等;

(2) 对某些 "实产品" 的虚部的需求和对某些 "虚产品" 的需求占主导地位, 如要求提供电视以观看节目, 提供电话以进行沟通, 提供空调设备以降温或取暖, 提供鲜花、快速结账服务、安静优雅的环境等.

面对顾客的这些新的需求, 多数汽车旅馆的经营者却视而不见, 仍然墨守成规, 顽固地坚守战时的经营之道, 使其经营状况江河日下. 而建筑商威尔逊却敏锐地捕捉到了这些新的需求. 经过一番筹划, 他创建了能够满足这些需求的旅馆: 假日旅馆. 现在, 假日旅馆在全球拥有 1750 个分店, 价值 37 亿美元. 威尔逊的成功正是从满足顾客的需要开始, 得益于对顾客需求的正确分析.

例 4.2.2 某网站 D 去年的年利润为 10 万元, 要想达到 "提高 1 倍年利润的目标", 试利用虚实资源的共轭对方法分析实现目标的途径.

设该网站 D 现有的条件为 $L = M_{\text{im}} \otimes M_{\text{re}}$, 其中

$$M_{\text{im}} = \begin{bmatrix} 网站D, & 日点击数, & 100 \\ & 知名度, & 1 \\ & 作品等级, & 2 \\ & 软件创新程度, & 1 \end{bmatrix} = \begin{bmatrix} D, & c_1, & 100 \\ & c_2, & 1 \\ & c_3, & 2 \\ & c_4, & 1 \end{bmatrix}$$

$$M_{\text{re}} = \begin{bmatrix} 网站D, & 广告年收入, & 30\text{ 万元} \\ & 实际年利润, & 10\text{ 万元} \end{bmatrix} = \begin{bmatrix} D, & c_5, & 30\text{ 万元} \\ & c_6, & 10\text{ 万元} \end{bmatrix}$$

目标 G 为

$$G = \begin{bmatrix} 提高, & 支配对象, & 年利润 \\ & 数量, & 20\text{ 万元} \\ & 时间, & 今年 \end{bmatrix}$$

在条件 L 下，目标 G 无法实现．

M_{re} 是实部条件，M_{im} 是虚部条件．显然该网站的问题是其虚部条件物元无法满足实现实部目标的需要．实部的矛盾问题是表层矛盾问题．再由相关分析

$$\left.\begin{array}{l} (D, c_3, v_3) \\ (D, c_4, v_4) \end{array}\right\} \sim (D, c_2, v_2) \sim (D, c_1, v_1) \sim (D, c_5, v_5) \sim (D, c_6, v_6)$$

可见，网站的作品等级和软件创新程度的改变，可以使网站的知名度提高，从而使日点击数增加，也就使得广告量增加，最终导致网站利润的增加．

它的实际意义是：通过充满激情的好作品和软件创新获得更多的注意力，从而获得更多的 "点击数" 或 "访问数"（这些都是企业的虚资源），使他们的站点成为因特网上的 "知名站点" 或 "著名站点"，进而成为网上风云人物或风云公司，以达到可以开拓发布企业广告或产品信息、收取发布广告企业的费用或通过网上销售赚取利润的目标 (获取实资源)．

有很多网民将自己喜欢的歌曲、绘画、文章等好东西发到网上，免费给其他网民查阅、下载；有很多人对类似 Linux 的自由软件进行无偿地修改和完善，甚至无偿地公布原代码；……这些人的举动都是在吸引公众的注意力，即在开发 "注意力资源"（虚资源）．这就是利用虚资源来达到自己目的的方法．

例 4.2.3 诸葛亮的空城计凭什么能退司马懿的 15 万大军？

三国时期，蜀国丞相诸葛亮因错用马谡而失掉战略要地 —— 街亭，魏将司马懿乘势引大军 15 万向诸葛亮所在的西城蜂拥而来．当时，诸葛亮身边没有大将，只有一班文官，所带领的 5000 军队，也有一半运粮草去了，只剩 2500 名士兵在城里．诸葛亮传令，把所有的旌旗都藏起来，士兵原地不动，如果有私自外出以及大声喧哗的，立即斩首．又叫士兵把四个城门打开，每个城门之上派 20 名士兵扮成百姓模样，洒水扫街．诸葛亮自己披上鹤氅，戴上高高的纶巾，领着两个小书童，带上一张琴，到城上望敌楼前凭栏坐下，燃起香，然后慢慢弹起琴来．司马懿看见诸葛亮端坐在城楼上，笑容可掬，正在焚香弹琴，说："诸葛亮一生谨慎，不曾冒险．现在城门大开，里面必有埋伏，我军如果进去，正好中了他们的计．还是快快撤退吧！" 于是各路兵马都退了回去．

第 4 章 创意生成的依据 (2)——共轭分析方法

在这个故事中, 诸葛亮的实资源只有 "2500 士兵", 要想应对司马懿的实资源 "15 万士兵" 是根本不可能胜利的, 但诸葛亮还拥有 "一生谨慎" 的虚资源, 而司马懿又特别了解诸葛亮的做事风格, 因此, 诸葛亮利用自己的虚资源战胜了司马懿的实资源. 这是虚实共轭分析的很好应用.

例 4.2.4 "三个臭皮匠, 胜过一个诸葛亮" 和 "三个和尚没水喝" 的原因是什么?

假设三个臭皮匠是一个集体, 他们每个人都是这个集体的组成部分 (硬部), 而每个人的决策水平都比诸葛亮差很多, 当他们精诚团结时, 即相互之间配合很好时, 软部就会非常强大, 从而使综合决策水平超过诸葛亮.

而对于三个和尚组成的集体, 他们每个人都有挑水的能力 (硬部), 但由于关系 (软部) 不好, 互相依赖, 综合起来反而没有了挑水能力.

这两个故事都可以应用软硬共轭分析进行分析. 这也是解释通常所说的 $1+1 \neq 2$ 的很好例子. 可以用物元表示如下:

$$(臭皮匠 D_{11}, 决策水平, v_{11}) \otimes (臭皮匠 D_{12}, 决策水平, v_{12})$$
$$\otimes (臭皮匠 D_{13}, 决策水平, v_{13}) = (臭皮匠集体 D_1, 决策水平, v_1)$$

且 $v_1 > v_{11} \oplus v_{12} \oplus v_{13}$, 即由于软部的作用, 导致整体的能力大于部分的和. 而

$$(和尚 D_{21}, 挑水能力, v_{21}) \otimes (和尚 D_{22}, 挑水能力, v_{22})$$
$$\otimes (和尚 D_{23}, 挑水能力, v_{23}) = (和尚集体 D_2, 挑水能力, v_2)$$

且 $v_2 < v_{21} \oplus v_{22} \oplus v_{23}$, 即由于软部的作用, 导致整体的能力小于部分的和.

这样的例子还有很多, 例如: 钢绳由很多的细钢丝组成, 这是因为缠绕的钢丝增加了绳子的韧度, 使得绳子被拉伸时不容易断裂. 而且绳子缠绕使得每根钢丝都能平均受力, 不容易首先断裂, 从而增大了整个钢绳的强度.

例 4.2.5 为什么淘宝网店要让您给好评?

"好评" 本来是对商品和网店的综合性评价结果, 但从虚实共轭分析的角度, 在互联网时代, "好评" 变成了网店的 "正资源", 直接影响到网店的销售量. 而且顾客到网店购物之前, 都会浏览曾经购买过该商品的顾客的评价, 然后才考虑是否下单. 因此, "差评" 就变成了网店的 "负资源". 网店常常会因为有 "差评" 而失去很多潜在的客户, 所以才会出现当你因为质量问题要求退货时, 商家要拼命请求你不要给差评、退货原因不要说是质量问题, 否则就不给退钱的现象.

例 4.2.6 为什么要将问题汽车召回?

中新网 2015 年 9 月 28 日电: 据国家质检总局网站消息, 质检总局今日发布公告称, 马自达 (中国) 企业管理有限公司将自 2015 年 9 月 29 日起, 召回部分进口

马自达 6 汽车 (生产日期为 2002 年 3 月 29 日至 2004 年 11 月 1 日)、进口马自达 RX-8 汽车 (生产日期为 2004 年 4 月 14 日至 2008 年 2 月 15 日). 据该公司统计, 在中国大陆分别涉及 309 台和 370 台.

公告显示, 本次召回范围内的车辆由于供应商原因, 安全气囊展开时, 气体发生器有可能发生异常破损, 导致碎片飞出, 可能伤及车内人员, 存在安全隐患. 作为预防措施, 马自达 (中国) 企业管理有限公司将为召回范围内的车辆免费更换安全气囊气体发生器, 以降低安全风险, 并对涉及缺陷的气体发生器进行回收调查.

在这个案例中, 汽车的 "安全气囊气体发生器" 是它的显部部件, 而其 "安全隐患" 就是汽车的潜部, 如果不召回更换, 可能存在发生危险的风险.

思考与练习

1. 齐白石的画为什么这么值钱? 请用共轭对方法分析之. 在文具产品创新中, 有没有利用齐白石的画的可能?

2. 请对某款台灯进行软硬共轭分析, 并考虑可否通过软部的改变获得新产品创意.

3. 柯达公司的明显竞争对手是富士公司, 请分析是谁真正打败了柯达公司.

4. 中国老龄化情况严重, 请问您看到了哪些商机?

5. 请用共轭对方法分析激光笔的虚部与实部、软部与硬部、潜部与显部、负部与正部. 如果其某个负部是对人不利的, 可否改变它从而获得新产品创意?

6. 请用共轭对方法分析自己的虚部与实部、软部与硬部、潜部与显部、负部与正部, 并找出自己的优势与劣势, 进而提出改变劣势的方法.

创意生成的工具
——可拓变换方法

第 5 章

■ 内容提要

第 3 章和第 4 章介绍的拓展分析方法和共轭分析方法，只能给出创新或解决矛盾问题的多种途径，要想实现创新或获得解决矛盾问题的创意，必须通过实施可拓变换完成．通过某些可拓变换，不可知问题可以变为可知问题，不可行问题可以转化为可行问题．

可拓变换是把一个对象变为另一个对象或者分解为若干对象．对某个研究对象实施可拓变换的前提是拓展分析，通过拓展分析方法，可以给出变换的路径．

通过对古今中外大量创意的研究，我们找到了最基本的可拓变换方法——5 种基本变换，包括置换变换、增删变换、扩缩变换、分解变换、复制变换．还总结出了 4 种变换的运算方法、传导变换及共轭变换方法，形成了可拓变换体系．

创意就是可拓变换或它们的运算结果．

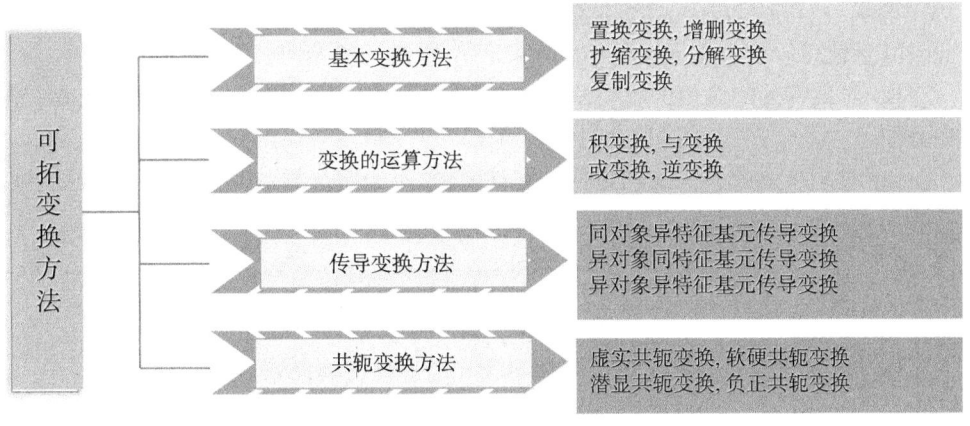

5.1 基本可拓变换方法

看到图 5.1.1 和图 5.1.2, 你会想到什么? 每个图从左边到右边, 发生了什么变换? 以某吸顶灯 D 为例说明此变换.

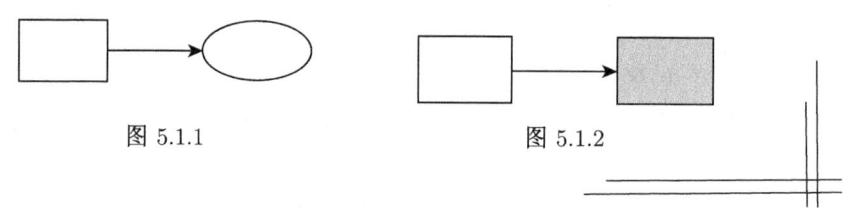

图 5.1.1　　　　　　　　图 5.1.2

5.1.1 基元的置换变换

1. 基元的量值的置换变换

把某个基元的对象关于某特征的量值换成另外一个量值的变换. 记作

$$TB = T(O, c, v) = (O', c, v') = B'$$

说明　(1) 因为基元具有发散性, 依据发散规则 3.1.2 可知, 具有同一特征的对象及其量值可以有很多, 因此可以把基元 B 置换为基元 B'.

(2) 对某物元的量值的置换变换, 一定会导致其对象发生传导变换, 将在 5.3 节中介绍.

(3) 对某事元或关系元的量值的置换变换, 不一定会导致其对象发生传导变换.

例 5.1.1　对图 5.1.1, 可以用如下物元的置换变换表示:

$$T_1 \begin{bmatrix} 吸顶灯D, & 形状, & 长方体 \\ & 颜色, & 白色 \end{bmatrix} = \begin{bmatrix} 吸顶灯D', & 形状, & 椭圆体 \\ & 颜色, & 白色 \end{bmatrix}$$

对图 5.1.2, 可以用如下物元的置换变换表示:

$$T_2 \begin{bmatrix} 吸顶灯D, & 形状, & 长方体 \\ & 颜色, & 白色 \end{bmatrix} = \begin{bmatrix} 吸顶灯D'', & 形状, & 长方体 \\ & 颜色, & 灰色 \end{bmatrix}$$

上述用符号表示的置换变换, 也可以用表 5.1.1 的形式表示. 后面的变换都可以用表格表示, 将不再一一详述.

表 5.1.1 对吸顶灯 D 的置换变换

变换前			变换方式	变换后		
对象	特征	量值		对象	特征	量值
吸顶灯 D	形状	长方体	置换变换	吸顶灯 D'	形状	椭圆体
	颜色	白色			颜色	白色
吸顶灯 D	形状	长方体	置换变换	吸顶灯 D''	形状	长方体
	颜色	白色			颜色	灰色

例 5.1.2 请看图 5.1.3:

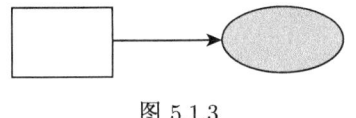

图 5.1.3

是同时作了"形状"的量值和"颜色"的量值的置换变换, 可用下述模型表示为

$$T_3 \begin{bmatrix} 吸顶灯D, & 形状, & 长方体 \\ & 颜色, & 白色 \end{bmatrix} = \begin{bmatrix} 吸顶灯D''', & 形状, & 椭圆体 \\ & 颜色, & 灰色 \end{bmatrix}$$

例 5.1.3 对某产品的功能"用照射的方式提供光线", 用事元形式化表示为

$$A = \begin{bmatrix} 提供, & 支配对象, & 光线 \\ & 方式, & 照射 \end{bmatrix}$$

根据发散规则 3.1.1, 可以由上述功能事元拓展出多个事元, 例如

$$A \dashv \begin{cases} \begin{bmatrix} 提供, & 支配对象, & 色彩 \\ & 方式, & 照射 \end{bmatrix} \\ \begin{bmatrix} 提供, & 支配对象, & 音乐 \\ & 方式, & 播放 \end{bmatrix} \\ \begin{bmatrix} 提供, & 支配对象, & 光明 \\ & 方式, & 照射 \end{bmatrix} \end{cases}$$

因此可以作如下量值的置换变换

$$T_1 \begin{bmatrix} 提供, & 支配对象, & 光线 \\ & 方式, & 照射 \end{bmatrix} = \begin{bmatrix} 提供, & 支配对象, & 色彩 \\ & 方式, & 照射 \end{bmatrix}$$

$$T_2 \begin{bmatrix} 提供, & 支配对象, & 光线 \\ & 方式, & 照射 \end{bmatrix} = \begin{bmatrix} 提供, & 支配对象, & 音乐 \\ & 方式, & 播放 \end{bmatrix}$$

$$T_3 \begin{bmatrix} 提供, & 支配对象, & 光线 \\ & 方式, & 照射 \end{bmatrix} = \begin{bmatrix} 提供, & 支配对象, & 光明 \\ & 方式, & 照射 \end{bmatrix}$$

从而获得产品的三个新功能事元.

例 5.1.4 壁灯的灯座 D_1 和灯罩 D_2 之间具有上下关系,可用关系元形式化表示为

$$R = \begin{bmatrix} 上下关系, & 前项, & 灯罩 D_2 \\ & 后项, & 灯座 D_1 \end{bmatrix}$$

若作如下量值的置换变换

$$TR = T \begin{bmatrix} 上下关系, & 前项, & 灯罩 D_2 \\ & 后项, & 灯座 D_1 \end{bmatrix}$$

$$= \begin{bmatrix} 上下关系, & 前项, & 灯座 D_1 \\ & 后项, & 灯罩 D_2 \end{bmatrix} = R'$$

则变换后的新关系元表示了壁灯的灯座 D_1 和灯罩 D_2 之间的一种新关系,是一个灯座在上灯罩在下的新结构壁灯.

2. 基元的对象的置换变换

把某个基元的对象换成另外一个对象的变换. 记作

$$TB = T(O, c, v) = (O', c, v) = B'$$

此时,该基元的特征和量值可以保持不变.

案例分析

例 5.1.5 现有一款形状为球形的台灯,根据发散规则 3.1.5,可以拓展出

$$(台灯\ D, 形状, 球形) \dashv \begin{cases} (餐吊灯\ D_1, 形状, 球形) \\ (壁灯\ D_2, 形状, 球形) \\ (吸顶灯\ D_3, 形状, 球形) \\ (廊灯\ D_4, 形状, 球形) \end{cases}$$

则可以作如下物元的对象的置换变换:

$$T(台灯\ D, 形状, 球形) = (餐吊灯\ D_1, 形状, 球形)$$

即得到一个新的产品创意: 形状为球形的餐吊灯.

例 5.1.6　对于某产品的功能 "控制光线", 可以用事元表示为

$$(控制, 支配对象, 光线)$$

再根据发散规则 3.1.5, 可以拓展出

$$(控制, 支配对象, 光线) \dashv \begin{cases} (提供, 支配对象, 光线) \\ (调节, 支配对象, 光线) \\ (遮挡, 支配对象, 光线) \\ (增强, 支配对象, 光线) \\ (过滤, 支配对象, 光线) \\ (吸收, 支配对象, 光线) \end{cases}$$

则可以作如下功能事元的对象的置换变换:

$$T(控制, 支配对象, 光线) = (调节, 支配对象, 光线)$$

即得到一个新的产品功能创意: 调节光线.

例 5.1.7　对于某款台灯的灯罩 D_1 和灯座 D_2 之间的 "上下关系", 可以用关系元表示为

$$\begin{bmatrix} 上下关系, & 前项, & 灯罩D_1 \\ & 后项, & 灯座D_2 \end{bmatrix}$$

再根据发散规则 3.1.5, 可以拓展出

$$\begin{bmatrix} 上下关系, & 前项, & 灯罩D_1 \\ & 后项, & 灯座D_2 \end{bmatrix} \dashv \begin{bmatrix} 左右关系, & 前项, & 灯罩D_1 \\ & 后项, & 灯座D_2 \end{bmatrix}$$

则可以作如下关系元的对象的置换变换:

$$T \begin{bmatrix} 上下关系, & 前项, & 灯罩D_1 \\ & 后项, & 灯座D_2 \end{bmatrix} = \begin{bmatrix} 左右关系, & 前项, & 灯罩D_1 \\ & 后项, & 灯座D_2 \end{bmatrix}$$

3. 基元的特征的置换变换

把某个基元的特征换成另外一个特征的变换. 记作

$$TB = T(O, c, v) = (O, c', v') = B'$$

此时,该基元的量值可以保持不变,也可以变为新量值.

案例分析

例 5.1.8 某款壁灯 D 的高度为 0.5m, 宽度为 0.2m, 即有物元

$$\begin{bmatrix} 壁灯D, & 高度, & 0.5m \\ & 宽度, & 0.2m \end{bmatrix}$$

若作如下特征的置换变换

$$T\begin{bmatrix} 壁灯D, & 高度, & 0.5m \\ & 宽度, & 0.2m \end{bmatrix} = \begin{bmatrix} 壁灯D, & 宽度, & 0.5m \\ & 高度, & 0.2m \end{bmatrix}$$

则可得到一款宽度为 0.5m, 高度为 0.2m 的壁灯的创意. 实施此变换的实质是把原壁灯横置后获得的新壁灯.

例 5.1.9 对于例 5.1.6 中拓展出来的功能事元, 再根据发散规则, 还可以拓展出

$$(控制, 支配对象, 光线) \dashv \begin{cases} (提供, 支配对象, 光线) \dashv \begin{cases} (提供, 支配对象, 热量) \\ (美化, 方式, 光线) \\ (照亮, 工具, 光线) \end{cases} \\ (调节, 支配对象, 光线) \dashv (调节, 支配对象, 温度) \\ (遮挡, 支配对象, 光线) \dashv (遮挡, 支配对象, 蚊虫) \\ (增强, 支配对象, 光线) \dashv (增强, 支配对象, 色彩) \\ (过滤, 支配对象, 光线) \dashv (过滤, 支配对象, 杂质) \\ (吸收, 支配对象, 光线) \dashv (吸收, 支配对象, 水分) \end{cases}$$

则可以作更多功能事元的置换变换, 如

$$T_1(控制, 支配对象, 光线) = (美化, 方式, 光线)$$
$$T_2(控制, 支配对象, 光线) = (增强, 支配对象, 色彩)$$

问题与思考

看到图 5.1.4 和图 5.1.5, 你会想到什么? 每个图从左边到右边, 发生了什么变换? 以某壁灯 D 为例说明此变换.

第 5 章　创意生成的工具——可拓变换方法　　75

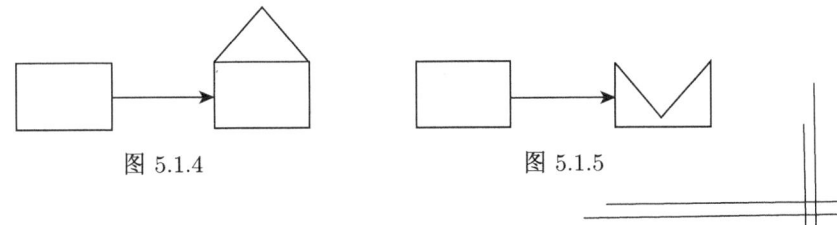

图 5.1.4　　　　　　　　　　图 5.1.5

5.1.2　基元的增删变换

1. 基元的量值的增删变换

把某个基元的对象关于某特征的量值通过增加或删减变换变成另外一个量值的变换, 记作

$$T_1(O, c, v) = (O', c, v \oplus v_0)$$
$$T_2(O, c, v) = (O'', c, v \ominus v_0)$$

说明　(1) 对基元的量值实施增删变换, 其对象一般都会发生传导变换, 参见 5.3 节, 此节书中均不详述. 同样, 对基元的对象实施增删变换, 其关于某些特征的量值也会发生传导变换.

(2) 根据 3.4 节的可组合规则, 基元的增加变换还可细分为和增变换 ($\oplus$) 与积增变换 ($\otimes$). 为简便起见, 此书不加区分, 都用符号$\oplus$表示, 案例分析中需要区分时将说明, 删减变换也只用符号$\ominus$表示.

2. 基元的对象和量值的增删变换

把某个基元的对象和它关于某特征的量值通过增加或删减变换变成另外一个对象和量值的变换, 记作

$$T_1(O, c, v) = (O \oplus O_0, c, v \oplus v_0)$$

$$T_2(O, c, v) = (O \ominus O_0, c, v \ominus v_0)$$

案 例 分 析

例 5.1.10　如果图 5.1.4 和图 5.1.5 的左边是一个形状为长方体的壁灯 D, 则图 5.1.4 右边就是增加了一个圆锥体后的壁灯 D', 图 5.1.5 右边就是删减了一个圆锥体后的壁灯 D'', 形式化表示如下:

$$T_1(\text{壁灯} D_1, \text{形状}, \text{长方体}) = (\text{壁灯} D_1', \text{形状}, \text{长方体} \oplus \text{圆锥体})$$

$$T_2(壁灯 D_1, 形状, 长方体) = (壁灯 D_1'', 形状, 长方体 \ominus 圆锥体)$$

例 5.1.11 壁灯具有照明的功能, 而花束具有美观的功能, 音响具有播放音乐的功能, 因此可作增加变换, 获得具有组合功能的新产品创意.

产品的功能是可以用事元形式化表达的, 而 "照明" 的实质是 "提供光线", "美观" 的实质是 "美化环境", 因此, 此例的三个功能可以用事元表示为

$$A = \begin{bmatrix} 提供, & 支配对象, & 光线 \\ & 工具, & 壁灯 D \end{bmatrix}$$

$$A_1 = \begin{bmatrix} 美化, & 支配对象, & 环境 \\ & 工具, & 花束 D_1 \end{bmatrix}$$

$$A_2 = \begin{bmatrix} 播放, & 支配对象, & 音乐 \\ & 工具, & 音响 D_2 \end{bmatrix}$$

因此可作如下增加变换, 获得组合功能, 进而可形成新产品创意.

$$T_1 A = A \oplus A_1 = \begin{bmatrix} 提供 \oplus 美化, & 支配对象, & 光线 \oplus 环境 \\ & 工具, & 壁灯 D \oplus 花束 D_1 \end{bmatrix}$$

$$T_2 A = A \oplus A_2 = \begin{bmatrix} 提供 \oplus 播放, & 支配对象, & 光线 \oplus 音乐 \\ & 工具, & 壁灯 D \oplus 音响 D_2 \end{bmatrix}$$

例 5.1.12 某客厅水晶灯具有 "提供光线" 的基本功能, 可以用功能事元表示为

$$\begin{bmatrix} 提供, & 支配对象, & 光线 \\ & 工具, & 水晶灯 D_1 \end{bmatrix}$$

而 LED 灯珠具有 "增加色彩" 的功能, 因此可作功能事元的增加变换:

$$T_1 \begin{bmatrix} 提供, & 支配对象, & 光线 \\ & 工具, & 水晶灯 D_1 \end{bmatrix}$$

$$= \begin{bmatrix} 提供, & 支配对象, & 光线 \\ & 工具, & 水晶灯 D_1 \end{bmatrix} \oplus \begin{bmatrix} 增加, & 支配对象, & 色彩 \\ & 工具, & LED灯珠 D_2 \end{bmatrix}$$

$$= \begin{bmatrix} 提供 \oplus 增加, & 支配对象, & 光线 \oplus 色彩 \\ & 工具, & 水晶灯 D_1' \end{bmatrix}$$

而某壁灯具有 "为人提供光线" 的基本功能, 人又具有 "为手机补充电量" 的需要,

此需要对应着产品的功能,因此可作如下功能事元的增加变换:

$$T_2 \begin{bmatrix} 提供, & 支配对象, & 光线 \\ & 工具, & 壁灯 D_2 \\ & 接受对象, & 人 D_3 \end{bmatrix}$$

$$= \begin{bmatrix} 提供, & 支配对象, & 光线 \\ & 工具, & 壁灯 D_2 \\ & 接受对象, & 人 D_3 \end{bmatrix} \oplus \begin{bmatrix} 补充, & 支配对象, & 电量 \\ & 接受对象, & 手机 D_4 \end{bmatrix}$$

$$= \begin{bmatrix} 提供 \oplus 补充, & 支配对象, & 光线 \oplus 电量 \\ & 工具, & 壁灯 D_2' \\ & 接受对象, & 人 D_3 \oplus 手机 D_4 \end{bmatrix}$$

即可以设计一款带有充电功能(USB 充电接口)的壁灯.

说明 特别地,两个以上基元无主次之分进行的增加变换,称为组合变换,例如三头餐吊灯,就是三个餐吊灯无主次之分地组合在一起;双壁灯、双头灯、多头灯、组合家具、组合文具等,都是这种变换.

例 5.1.13 将笔盒、铅笔、圆珠笔、签字笔、橡皮、直尺、三角尺、圆规这 8 种中小学生常用文具组合成一件产品,"多功能文具"就产生了!一般而言,它的销售价格要比分别购买每个文具的价格之和低,会促进销售. 当然,如果再配上精美的书包,销售价格也可以高于每个文具的价格之和,组合后的成本等于所有组成部分的成本之和. 这种组合变换可以用可拓变换表示为

$$T_1 \begin{bmatrix} 笔盒 D_1, & 类属, & 文具 \\ & 价格, & v_{11} \end{bmatrix} = \begin{bmatrix} 笔盒 D_1, & 类属, & 文具 \\ & 价格, & v_{11} \end{bmatrix}$$

$$\oplus \begin{bmatrix} 铅笔 D_2, & 类属, & 文具 \\ & 价格, & v_{12} \end{bmatrix} \oplus \cdots \oplus \begin{bmatrix} 圆规 D_8, & 类属, & 文具 \\ & 价格, & v_{18} \end{bmatrix}$$

$$= \begin{bmatrix} 笔盒 D_1 \oplus 铅笔 D_2 \oplus \cdots \oplus 圆规 D_8, & 类属, & 文具 \\ & 价格, & v_1 \end{bmatrix}$$

其中 $\sum_{i=1}^{8} v_{1i} \neq v_1$ 或 $\sum_{i=1}^{8} v_{1i} = v_1$.

$$T_2 \begin{bmatrix} 笔盒 D_1, & 类属, & 文具 \\ & 成本, & v_{21} \end{bmatrix} - \begin{bmatrix} 笔盒 D_1, & 类属, & 文具 \\ & 成本, & v_{21} \end{bmatrix}$$

$$\oplus \cdots \oplus \begin{bmatrix} 圆规 D_8, & 类属, & 文具 \\ & 成本, & v_{28} \end{bmatrix} \oplus \begin{bmatrix} 书包 D_9, & 类属, & 文具 \\ & 成本, & v_{29} \end{bmatrix}$$

$$= \begin{bmatrix} 笔盒D_1 \oplus \cdots \oplus 圆规D_8 \oplus 书包D_9, & 类属, & 文具 \\ & 成本, & v_2 \end{bmatrix}$$

其中 $\sum_{i=1}^{9} v_{2i} = v_2$.

问题与思考

看到图 5.1.6 和图 5.1.7, 您会想到什么？每个图从左边到右边, 发生了什么变换？以某壁灯 D 为例说明此变换.

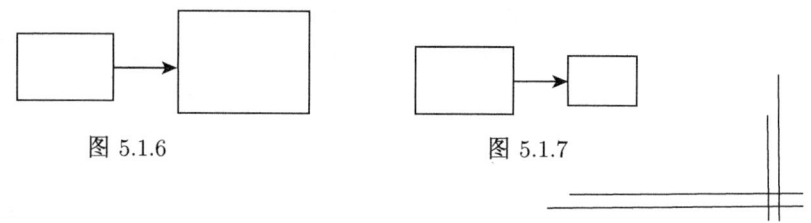

图 5.1.6   图 5.1.7

5.1.3 基元的扩缩变换

1. 基元的量值的扩缩变换

把某个基元关于某特征的量值通过扩大或缩小变换变成另外一个量值的变换, 记作

$$T_1(O, c, v) = (O', c, \alpha v), \quad \alpha > 1$$
$$T_2(O, c, v) = (O'', c, \alpha v), \quad 0 < \alpha < 1$$

说明 量值的扩大或缩小变换, 必然导致对象的扩大或缩小.

2. 基元的对象的扩缩变换

把某个基元的对象通过扩大或缩小变换变成另外一个对象的变换, 记作

$$T_1(O, c, v) = (\alpha O, c, v'), \quad \alpha > 1$$
$$T_2(O, c, v) = (\alpha O, c, v''), \quad 0 < \alpha < 1$$

说明 对象的扩大或缩小变换, 一定是该对象关于某些特征的量值发生的扩大或缩小变换, 但不一定导致该对象关于所有特征的量值的扩大或缩小.

案例分析

例 5.1.14 壁灯的照射角度的量值的扩大或缩小,形成不同的灯光图案效果;吸顶灯的长度的量值的扩大或缩小,适合不同面积的房间. 以扩大变换为例,可用如下变换式表示:

$$T_1(\text{壁灯}D_1, \text{照射角度}, 45\text{度}) = (\text{壁灯}D_1', \text{照射角度}, 135\text{度})$$

$$T_2(\text{吸顶灯}D_2, \text{长度}, 50\text{cm}) = (\text{吸顶灯}D_2', \text{长度}, 100\text{cm})$$

例 5.1.15 大白兔奶糖是小朋友都非常喜爱的糖果,常见的包装形式是塑料袋装、铁盒装、纸盒装等. 如果利用扩大复制变换,可否获得新的包装创意?

作变换

$$T\begin{bmatrix} \text{包装纸}D, & \text{宽度}, & v_1 \\ & \text{长度}, & v_2 \\ & \text{材质}, & \text{塑料} \\ & \text{图案}, & \text{大白兔} \\ & \text{形状}, & \text{长方形} \end{bmatrix}$$

$$= \begin{bmatrix} n \cdot \text{包装纸}D' & \text{宽度}, & n \cdot v_1 \\ & \text{长度}, & n \cdot v_2 \\ & \text{材质}, & \text{塑料} \\ & \text{图案}, & \text{大白兔} \\ & \text{形状}, & \text{长方形} \end{bmatrix}$$

则可获得创意: 把一个糖块的包装纸扩大成 n 个糖块的包装纸,材质、图案和形状与原来相同.

为了使包装起来后的形状也与原来相同,需要在塑料纸内增加圆柱形硬纸盒支撑,这是由创意形成方案时需要考虑的因素 (图 5.1.8).

图 5.1.8

看到图 5.1.9,您会想到什么？从左边到右边,发生了什么变换？

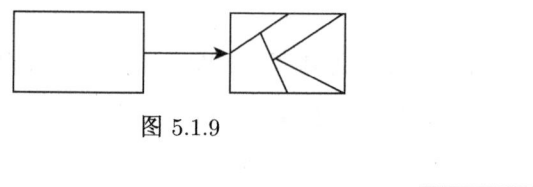

图 5.1.9

5.1.4 基元的分解变换

物元的分解变换是把某个物元关于某特征的量值分解成多个量值,相应地,对象也被分为多个对象的变换.

事元的分解变换包括两种：①把某个事元关于某特征的量值分解成多个量值,相应地,动作也被分为多个动作的变换. ②把某个事元的动作分解为多个动作,相应地,关于某些特征的量值也被分解成多个量值的变换. 在这两种情况中,也有相应的动作或量值不做分解的特例.

关系元的分解变换类似于事元的分解变换, 此不详述.

一般地, 分解变换可以表示为

$$T(O, c, v) = \{(O_1, c, v_1), (O_2, c, v_2), \cdots, (O_n, c, v_n)\}$$

在图 5.1.9 中, 右边的图案是根据左边的图案进行分解变换所获得的, 对于不同的特征, 分解的结果都不相同. 例如, 某对象 O 关于形状所作的分解可以表示为

$$\begin{aligned}T_1(O, 形状, 长方形) = \{&(O_1, 形状, 直角三角形), (O_2, 形状, 梯形),\\ &(O_3, 形状, 梯形), (O_4, 形状, 等边三角形),\\ &(O_5, 形状, 钝角三角形)\}\end{aligned}$$

关于颜色所作的分解可以表示为

$$\begin{aligned}T_2(O, 颜色, 白色) = \{&(O_1, 颜色, 白色), (O_2, 颜色, 白色),\\ &(O_3, 颜色, 白色), (O_4, 颜色, 白色),\\ &(O_5, 颜色, 白色)\}\end{aligned}$$

若对上述分解后的各物元, 再作颜色的量值的置换变换 (在变换的运算部分将进一步解释这种连续作的变换), 则可以获得如下结果:

$$T_3T_2(O, 颜色, 白色) = \{(O_1, 颜色, 红色), (O_2, 颜色, 黄色),$$
$$(O_3, 颜色, 蓝色), (O_4, 颜色, 紫色),$$
$$(O_5, 颜色, 灰色)\}$$

关于重量所作的分解可以表示为

$$T_4(O, 重量, 500g) = \{(O_1, 重量, 100g), (O_2, 重量, 80g),$$
$$(O_3, 重量, 120g), (O_4, 重量, 150g),$$
$$(O_5, 重量, 50g)\}$$

注意 不同的特征, 分解后的量值之和不一定等于原量值. 例如旧汽车拆解后销售, 每一部分的售价之和会大于整体销售的价格, 因此可使收入增加, 即

$$T_5(汽车D, 价格, v)$$
$$= \{(轮胎D_1, 价格, v_1), (发动机D_2, 价格, v_2), (变速机D_3, 价格, v_3),$$
$$(电源D_4, 价格, v_4), \cdots\}$$

延伸思考 看到图 5.1.10 和图 5.1.11, 您会想到什么? 从左图到右图发生了什么变换?

图 5.1.10　　　　　　　　　　　图 5.1.11

分解变换还有多种情况, 不同情况有不同的分解方式.

1) 关于时间参数的分解

设 t 为时间参数, 则

$$T(O(t), c, v(t)) = \{(O(t_1), c, v(t_1)), (O(t_2), c, v(t_2)), \cdots, (O(t_n), c, v(t_n))\}$$

例如, 原来的吊灯的灯光颜色是黄色, 通过分解变换, 可以使吊灯在不同时刻发出不同颜色的灯光. 可形式化表示为

$$T_1(吊灯O(t), 灯光颜色c, 黄色) = \{(吊灯O(t_1), c, 黄色), (吊灯O(t_2), c, 绿色), \cdots,$$
$$(吊灯O(t_n), c, 红色)\}$$

2) 关于其他参数的分解

设 t 为其他参数,如情景、地点,则

$$T(O(t), c, v(t)) = \{(O(t_1), c, v(t_1)), (O(t_2), c, v(t_2)), \cdots, (O(t_n), c, v(t_n))\}$$

例如,原来台灯的光线强弱是一定的,通过分解变换,可以使台灯在看书、休息、看手机时光线强弱都不一样. 可形式化表示为

T_2(吊灯$O(t)$, 光线强度, 强)

= {(吊灯O(看书时), 光线强度, 强), (吊灯O(看手机时), 光线强度, 中),

(吊灯O(休息时), 光线强度, 弱)}

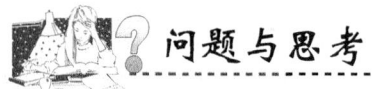
问题与思考

看到图 5.1.12,您会想到什么?从左边到右边,发生了什么变换?

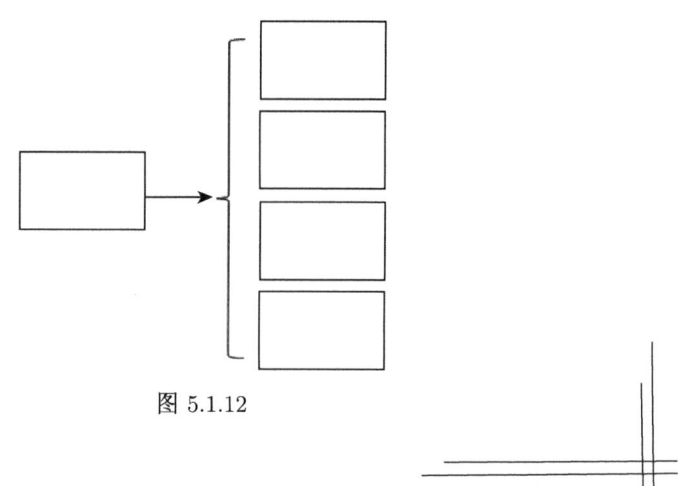

图 5.1.12

5.1.5 基元的复制变换

复制是一种特殊的基本变换,如晒照片、复印、扫描、印刷、光盘刻录、录音、录像、反复使用的方法、产品的复制等. 这种变换在信息领域中应用非常广泛.

批量生产也是一种复制,它既包括实体的复制,也包括虚部的复制. 提供的条件可分为两类:一类是可以反复使用的条件;另一类是不可复制的,只能分配使用的条件.

复制变换记为: $TB = \{B, B^*\}$.

复制变换可细分为很多类型. 实施复制变换后, 对象至少变为两个, 即原对象和复制后的对象, 也可以是多个. 根据复制后的对象不同, 复制变换分为:

扩大复制 $TB = \{B, \alpha B\}$, $\alpha > 1$;

缩小复制 $TB = \{B, \alpha B\}$, $0 < \alpha < 1$;

近似复制 $TB = \{B, B^*\}$, $B \approx B^*$, 其中 "$\approx$" 是近似符;

多次复制 $TB = \{B, B_1^*, B_2^*, \cdots, B_n^*\}$.

说明   根据第 4 章的共轭分析可见, 很多复制变换时把虚的物变成实的物, 或把实的物变成虚的物, 这种变换应该归为共轭变换, 将在 5.4 节中介绍. 例如, 采用 3D 打印机把 E 的图形打印成实物, 即

$$T\begin{bmatrix} 图形 E_{\text{im}}, & 尺寸, & v_1 \\ & 颜色, & v_2 \end{bmatrix}$$
$$= \left\{ \begin{bmatrix} 图形 E_{\text{im}}, & 尺寸, & v_1 \\ & 颜色, & v_2 \end{bmatrix}, \begin{bmatrix} 实物 E_{\text{re}}, & 尺寸, & v_1 \\ & 颜色, & v_2' \end{bmatrix} \right\}$$

基元的基本变换方法包括置换、增删、扩缩、分解、复制等, 由于基元都是由对象、特征和量值构成的三元组, 所以, 这些变换又可细分为对三元组中各个要素的变换. 变换结果的来源, 依据的是拓展分析.

(1) 若选择置换变换, 则从 B 的发散基元集寻找可代替 B 的基元;

(2) 若选择增加变换, 则从 B 的可组合基元集中寻找可与 B 组合的基元;

(3) 若选择删减变换, 则要分析 B 是否为可分基元, 对可分基元才能作删减变换;

(4) 若选择扩大变换, 则基元 B 的对象或量值必须是可扩大的;

(5) 若选择缩小变换, 则基元 B 的对象或量值必须是可缩小的;

(6) 若选择分解变换, 则要首先分析 B 是否为可分基元, 若是, 则可把一个基元 B 分解为多个基元.

又由于三个要素之间有千丝万缕的联系, 因此, 对某些要素的主动变换, 可能会导致其他要素发生相应的变换, 称为传导变换, 将在 5.3 节中介绍.

问题与思考

- ◆ 改变规则是否是创新？改变规则可否解决矛盾问题？
- ◆ 可否改变相关基元的函数关系？
- ◆ 可否强制建立全新的规则？

5.1.6 规则的基本变换方法

规则又称为准则，是进行创新或解决矛盾问题的重要条件. 例如，要生产一款直径为 50cm 的吸顶灯，符合要求的直径范围为 ⟨49.9, 50.1⟩cm. 再如，企业招聘某岗位的员工，要求本科以上学历，英语四级以上，计算机等相关专业，这些都是规则.

在实际问题中，这些规则都是可以改变的，有时矛盾问题的产生可能是由于规则的不恰当导致的，改变规则，也可能使矛盾问题解决. 对产品创新而言，改变规则也可能生成新的产品创意.

规则的基本变换的一般表示方法为

$$T_k k = k'$$

规则的基本变换方法包括:

(1) 置换变换方法，即用新的规则代替原来的规则的方法，即 $T_k k = k'$；

(2) 增加变换方法，即在原有规则的基础上增加新的规则的方法，即

$$T_k k = k \oplus k_1$$

(3) 删减变换方法，即把原有的部分规则删除或降低要求的方法，即

$$T_k k = k \ominus k_1$$

(4) 数扩大变换方法，即将原有的规则按数量倍数增大的方法，即

$$T_k k = \alpha k, \quad \alpha > 1$$

(5) 数缩小变换方法，即将原有的规则按数量倍数减少的方法，即

$$T_k k = \alpha k, \quad 0 < \alpha < 1$$

(6) 分解变换方法，即将原有的规则划分成更细的规则，使不同的规则适用于不同的对象的方法，即

$$T_k k = \{k_1, k_2, \cdots, k_n\}$$

研究规则的变换，就是对元素和实数之间的映射关系进行变换，可为创新或化解矛盾问题开辟新的路径

案例分析

例 5.1.16 壁灯的"倾斜角度"的量值与"照射角度"的量值之间具有函数关系，或者说"倾斜角度"决定了"照射角度"。可否改变？

设 $M_1 = ($壁灯D, 倾斜角度, $v_1)$, $M_2 = ($壁灯D, 照射角度, $v_2)$，根据领域知识，有 $v_2 = k(v_1)$。根据第 4 章的相关规则，有 $M_1 \sim M_2$。

若作规则的置换变换: $T_k k = k'$ 或删减变换: $T_k k = k - k = 0$，即把壁灯的结构和照射角度的量值之间的函数关系换成另一种关系或变成无关，则变换后的壁灯就是一款全新的壁灯了。

上述两个变换前后的情况也可以用如下物元表示。

$$M = \begin{bmatrix} 壁灯\ D, & 倾斜角度, & v_1 \\ & 照射角度, & k(v_1) \end{bmatrix}$$

$$M' = \begin{bmatrix} 壁灯\ D', & 倾斜角度, & v_1 \\ & 照射角度, & k'(v_1) \end{bmatrix}$$

$$M'' = \begin{bmatrix} 壁灯\ D'', & 倾斜角度, & v_1 \\ & 照射角度, & v_2'' \end{bmatrix}$$

例 5.1.17 床头灯"亮度"或"颜色"的量值与床的"位置"、使用者的"情绪"的量值本来没有相关关系，可否建立相关关系？

设 $M_{11} = ($床头灯D_1, 亮度, $v_{11})$, $M_{12} = ($床头灯D_1, 颜色, $v_{12})$, $M_2 = ($床D_2, 位置, $v_2)$, $M_3 = ($使用者D_3, 情绪, $v_3)$。要想使"光随心变"，即希望光线的"颜色"和"亮度"随着人的心情发生变化，这就需要在两个特征的量值之间强制建立一种相关关系，即建立一种新规则：

$$T_{11} v_{11} = v'_{11} = k_1(v_2) \wedge k_2(v_3), \quad T_{12} v_{12} = v'_{12} = k_3(v_3)$$

实施上述变换后的情况可用如下物元表示：

$$M_1' = \begin{bmatrix} M_{11}' \\ M_{12}' \end{bmatrix} = \begin{bmatrix} 床头灯 D_1', & 亮度, & v_{11}' \\ & 颜色, & v_{12}' \end{bmatrix}$$

$$= \begin{bmatrix} 床头灯 D_1', & 亮度, & k_1(v_2) \wedge k_2(v_3) \\ & 颜色, & k_3(v_3) \end{bmatrix}$$

延伸思考 灯饰与智能家电是否可建立隶属关系？如何建立更多相关关系？

例 5.1.18 床头灯"亮度"或"颜色"的量值与使用者的"使用时间"的量值本来没有相关关系，可否建立相关关系？

床头灯"倾斜度"的量值与使用者的"使用状态"的量值本来没有相关关系，可否建立相关关系？

若建立起这些特征的量值之间的函数关系 k_1, k_2, k_3，则可用如下物元表示变换前后的情况：

设

$$M_1 = \begin{bmatrix} 床头灯 D_1, & 亮度, & v_{11} \\ & 颜色, & v_{12} \\ & 倾斜角, & v_{13} \end{bmatrix}, \quad M_2 = \begin{bmatrix} 使用者 D_2, & 使用时间, & v_{21} \\ & 使用状态, & v_{22} \end{bmatrix}$$

作变换

$$T_1 v_{11} = v_{11}' = k_1(v_{21}), \quad T_2 v_{12} = v_{12}' = k_2(v_{21}), \quad T_3 v_{13} = v_{13}' = k_3(v_{22})$$

则变换后的床头灯物元为

$$M' = \begin{bmatrix} 床头灯 D_1', & 亮度, & v_{11}' \\ & 颜色, & v_{12}' \\ & 倾斜角, & v_{13}' \end{bmatrix} = \begin{bmatrix} 床头灯 D_1', & 亮度, & k_1(v_{21}) \\ & 颜色, & k_2(v_{21}) \\ & 倾斜角, & k_3(v_{22}) \end{bmatrix}$$

问题与思考

◆ 在进行创新或解决矛盾问题时，可否改变应用领域？

◆ 军事领域应用的产品可否转民用？

◆ 家庭应用的产品可否转公共场所用或野外使用？

5.1.7 论域（领域）的基本变换方法

论域的基本变换方法包括置换变换方法、增加变换方法、删减变换方法和分解变换方法. 当论域为实数域时, 论域还可作数扩大变换和数缩小变换. 在经典集合和模糊集合中, 都把论域看作是确定不变的, 而在可拓集合 (第 7 章中将介绍) 中, 我们认为论域也是可以变换的, 这就为矛盾问题的解决提供了新的思路.

例如, 在全球经济一体化浪潮中, 大型跨国公司往往将其产品的生产基地从发达国家迁往劳动力成本低、资源便宜的不发达国家, 或者实现由 "产地销" 到 "销地产" 的战略转变, 这是论域的置换变换. 而扩大某一产品的使用对象的范围, 即从原来的单一对象 A, 扩大到 A, B, C, D, 就是论域的扩大变换. 如某一产品原来的使用对象是婴儿, 现在扩大到儿童、妇女等, 就是论域的扩大变换. 扩大某一产品的销售范围, 从原来的 A 地区, 扩大到本省, 扩大到全国, 甚至国外, 也是论域的扩大变换.

论域变换给我们最大的启示就是: 在处理矛盾问题或者创新思维的过程中, 不能 "就事论事", 要敢于对所要考察的对象进行置换、扩大或缩小变换, 从而突破原有问题的矛盾性, 或许能得到一种极具创造性的结果.

根据论域的拓展分析, 论域具有如下的基本变换.

(1) **置换变换** 对任一论域, U 若存在另一个论域 U' 及变换 T, 使

$$T_U U = U'$$

则称变换 T 为论域 U 的置换变换.

例如, 某企业的目标市场在 A 城市, 则其论域 U 为 A 城市的全体人员. 当把目标市场转化为另一地方时, 就相当于作了论域的置换变换.

(2) **增加变换** 对任一论域 U, 若存在另一论域 U_1 及变换 T, 使

$$T_U U = U \cup U_1$$

则称变换 T 为论域 U 的增加变换.

(3) **删减变换** 对任一论域 U, 若存在另一论域 U_1 及变换 T, 使

$$T_U U = U - U_1, \quad U_1 \subset U$$

则称变换 T 为论域 U 的删减变换.

例如, 设某企业的市场论域 U 为 A 城市的全体人员, 当该论域不能满足企业的需求时, 则可采取论域的增加变换, 如取 $U_1 = \{B$ 城市的全体人员$\}$, 作 $TU = U \cup U_1$, 此即论域的增加变换; 当企业调整产品结构, 只生产某些特殊群体使用的产品时, 还可采取论域的删减变换, 如某服装企业只生产学生装, 则其论域可不考虑学生以外的人, 即 $U_1 = \{A$ 城市的全体学生$\}, U_1 \subset U$, 而不必考虑全部的论域 U.

(4) **数扩大变换** 对任一实数论域 U，若存在变换 T 及实数 $\alpha(\alpha > 1)$，使

$$T_U U = \alpha U$$

则称变换 T 为实数论域 U 的数扩大变换．

(5) **数缩小变换** 对任一实数论域 U，若存在变换 T 及实数 $\alpha\ (0 < \alpha < 1)$，使

$$T_U U = \alpha U$$

则称变换 T 为实数论域 U 的数缩小变换．

(6) **分解变换** 对某一论域 U，若存在变换 T，使

$$T_U U = \{U_1, U_2, \cdots, U_n\} \quad 且 \quad U_i \subset U(i = 1, 2, \cdots, n)$$

则称变换 T 为论域 U 的分解变换．

案例分析

例 5.1.19 随着社会的发展，机械手臂越来越多地走进人们的生活．某自动化公司机械手臂的销售主要是当地发达的工业化企业．下面利用论域变换的思想来形成开拓市场的思路．

(1) 确定所研究问题的原论域．

所研究问题的论域 $U = \{$ 工业发达地区企业$\}$．根据该企业上述的情况可见，他们的销售只是靠地理优势．

(2) 选择对论域的变换．

① **作论域的置换变换** 由于新产品在原论域上没有大的市场，故可作 $T_1 U = U_1$，即放弃原论域，选择一个与本地工业发展情况类似，且经济较发达的工业城市，作为新的论域 U_1，在此新论域上开拓市场．在论域 U_1 上的销售是 "送出去销售" 的思想．

② **作论域的增删变换**

$$T_2 U = U \cup U' = U_2$$

即在原论域的基础上，将周边省份也作为论域的一部分．

若在 U_2 上再作论域的删减变换

$$T_3 U_2 = U_3 \quad (U_3 \subset U_2)$$

即 U_3 是 U_2 中的特殊群体，如此地的农业用户，再利用该手臂的自动与半自动结合的特点进行宣传，可创造比较好的销售业绩．

③ **作论域的分解变换** 针对不同的农业种植,生产不同的机械手臂,实施不同的销售方式,这种变换可以在原论域上作,也可以在置换后的论域上作,也可在扩大后的论域上作. 如作

$$T_4 U = \{U_1', U_2', U_3'\}$$

其中 $U_1' = \{U$ 中的全体大型工业公司$\}$,$U_2' = \{U$ 中的全体中小型工业公司$\}$,$U_3' = \{U$ 中的全体农业种植用户$\}$.

该自动化公司可根据变换后的宣传费用、运输费用、销售量预测、价格/成本等因素来综合评价采取何种变换.

例 5.1.20 一般的床头灯的应用领域是民用,使用者是居民,即 $U = \{$居民$\}$,使用地点是家庭,使用方式是放在床头柜上. 如果作应用领域的置换变换,从民用转换为军用,即作 $TU = U' = \{$军人$\}$,则其他特征的量值也要作相应的变换 (即本书 5.4 节将要介绍的传导变换),具体变换方式要具体问题具体分析,变换前后的情况可用物元表示为

$$M = \begin{bmatrix} 床头灯 D, & 亮度, & v_1 \\ & 颜色, & v_2 \\ & 应用领域, & 民用 \\ & 使用者, & 居民 \\ & 使用地点, & 家庭 \\ & 使用方式, & 放在床头柜上 \end{bmatrix}$$

$$M' = \begin{bmatrix} 床头灯 D', & 亮度, & v_1' \\ & 颜色, & v_2' \\ & 应用领域, & 军用 \\ & 使用者, & 军人 \\ & 使用地点, & 野外 \\ & 使用方式, & 夹在帐篷上 \end{bmatrix}$$

5.2 可拓变换的基本运算方法

问题与思考

◆ 您是否希望利用上节所述的基本变换复合成其他更复杂的变换,从而帮助您更有序地解决问题?

可拓创新方法

◆ 您有没有遇到需要连续实施多个变换才能解决问题的例子?
◆ 您有没有遇到需要同时实施多个变换才能解决问题的例子?
◆ 您还遇到过其他什么不同于前面一节所介绍的基本变换的例子?

本节将介绍经常用到的可拓变换的基本运算方法,包括积变换方法、与变换方法、或变换方法和逆变换方法.

5.2.1 积变换方法

对某对象(基元、规则或论域)B_0,若存在变换 T_1 与 T_2,使 $T_1B_0 = B_1$,$T_2B_1 = B_2$,则

$$TB_0 = T_2(T_1B_0) = T_2B_1 = B_2$$

并称上式中的变换 $T = T_2T_1$ 为变换 T_1 与 T_2 之积变换.

积变换是对某对象连续实施的两个或两个以上的变换.

案例分析

例 5.2.1 要把某物品 D 从一楼搬运到 30 楼,必须首先把它搬进电梯,通过电梯从 1 楼到达 30 楼,然后再从电梯搬进房间,即

$$T_1(物品D, 位置, 1楼) = (物品D, 位置, 1楼电梯内)$$

$$T_2(物品D, 位置, 1楼电梯内) = (物品D, 位置, 30楼电梯内)$$

$$T_3(物品D, 位置, 30楼电梯内) = (物品D, 位置, 30楼房间)$$

则 $T = T_3T_2T_1$ 即为三个变换的积变换.

在解决问题时,积变换常用于想使 B_0 变为 B_2,但无法直接实现时,若能找到两个变换 T_1 与 T_2,T_1 使 B_0 变为 B_1,而 T_2 使 B_1 变为 B_2,从而达到目的.

应用积变换时,一定要注意:变换 T_1 与 T_2 是有先后次序的. 积变换方法经常用于需要连续实施多个变换来解决矛盾问题的情况.

例 5.2.2 装配工厂的流水线作业,是把组件 D_1 从 a_1 位置传送到组件 D_2 的位置 a_2 进行装配,再传送到组件 D_3 的位置 a_3 进行装配,直到整个产品装配完成,利用的就是积变换方法,即设

$$M_1 = (组件D_1, 位置, a_1), \quad \cdots, \quad M_n = (组件D_n, 位置, a_n)$$

作下列变换：

$$T_1 M_1 = M_1 \otimes M_2 = (组件D_1 \otimes 组件D_2, 位置, a_2) = M_2'$$

$$T_2 M_2' = M_2' \otimes M_3 = M_3'$$

······

$$T_{n-1} M_{n-1}' = M_{n-1}' \otimes M_n = M_n' = (产品D, 位置, a_n)$$

最终，通过变换 $T = T_{n-1} T_{n-2} \cdots T_2 T_1$，将 n 个组件在位置 a_n 组成一件产品 D.

5.2.2 与变换方法

若同时存在变换 T_1 与 T_2，使 $T_1 B_1 = B_1'$，$T_2 B_2 = B_2'$，且 $B_1' \wedge B_2' = B'$，则

$$T_1 B_1 \wedge T_2 B_2 = B_1' \wedge B_2' = B'$$

并称变换 $T = T_1 \wedge T_2$ 为变换 T_1 和 T_2 的与变换.

与变换是同时实施的两个或两个以上变换.

案例分析

例 5.2.3 在吸顶灯设计时，可以同时将吸顶灯外壳原来的玻璃材质变成塑料材质，将形状从原来的正方体变为圆柱体，形成一个新产品创意，同时实施的这两个变换就是与变换. 可用如下模型表示：

$$T_1(吸顶灯外壳D_1, 材质, 玻璃) = (吸顶灯外壳D_1', 材质, 塑料)$$

$$T_2(吸顶灯外壳D_1, 形状, 正方体) = (吸顶灯外壳D_1'', 形状, 圆柱体)$$

则与变换为 $T = T_1 \wedge T_2$，即

$$T_1(吸顶灯外壳D_1, 材质, 玻璃) \wedge T_2(吸顶灯外壳D_1, 形状, 正方体)$$

$$= \begin{bmatrix} 吸顶灯外壳D, & 材质, & 塑料 \\ & 形状, & 圆柱体 \end{bmatrix}$$

例 5.2.4 要利用螺栓连接两块厚 10cm、通孔直径 10cm 的夹板，而现有的螺栓 D_2 的直径和长度都不符合要求，因此选择螺栓时必须同时实施如下变换：

$$T_1(螺栓D_2, 直径, v_{21}) = (螺栓D_2', 直径, 10\text{cm})$$

$$T_2(\text{螺栓}D_2, \text{长度}, v_{22}) = (\text{螺栓}D_2'', \text{长度}, \langle 15, 20\rangle \text{cm})$$

通过实施变换 $T = T_1 \wedge T_2$,使

$$T\begin{bmatrix} \text{螺栓}D_2, & \text{直径}, & v_{21} \\ & \text{长度}, & v_{22} \end{bmatrix} = \begin{bmatrix} \text{螺栓}D, & \text{直径}, & 10\text{cm} \\ & \text{长度}, & \langle 15, 20\rangle \text{cm} \end{bmatrix}$$

则螺栓 D 可保证两夹板的正常连接.

例 5.2.5 在书房里,台灯 D 的基本功能是照亮书桌,要想使台灯 D 具有声控功能和光线调节功能,必须同时给台灯增加声控装置和光线调节装置,即同时作台灯的功能的增加变换.

$$T_1\begin{bmatrix} \text{照亮}, & \text{支配对象}, & \text{书桌} \\ & \text{工具}, & \text{台灯}D \end{bmatrix}$$

$$= \begin{bmatrix} \text{照亮}, & \text{支配对象}, & \text{书桌} \\ & \text{工具}, & \text{台灯}D \end{bmatrix} \oplus \begin{bmatrix} \text{控制}, & \text{支配对象}, & \text{开关} \\ & \text{工具}, & \text{装置}D_1 \\ & \text{方式}, & \text{声控} \end{bmatrix}$$

$$= \begin{bmatrix} \text{照亮}\oplus\text{控制}, & \text{支配对象}, & \text{书桌}\oplus\text{开关} \\ & \text{工具}, & \text{台灯}D\oplus\text{装置}D_1 \\ & \text{方式}, & a\oplus\text{声控} \end{bmatrix}$$

$$T_2\begin{bmatrix} \text{照亮}, & \text{支配对象}, & \text{书桌} \\ & \text{工具}, & \text{台灯}D \end{bmatrix}$$

$$= \begin{bmatrix} \text{照亮}, & \text{支配对象}, & \text{书桌} \\ & \text{工具}, & \text{台灯}D \end{bmatrix} \oplus \begin{bmatrix} \text{调节}, & \text{支配对象}, & \text{光线} \\ & \text{工具}, & \text{装置}D_2 \\ & \text{方式}, & \text{手旋} \end{bmatrix}$$

$$= \begin{bmatrix} \text{照亮}\oplus\text{调节}, & \text{支配对象}, & \text{书桌}\oplus\text{光线} \\ & \text{工具}, & \text{台灯}D\oplus\text{装置}D_2 \\ & \text{方式}, & a\oplus\text{手旋} \end{bmatrix}$$

则 $T = T_1 \wedge T_2$ 为

$$T\begin{bmatrix} \text{照亮}, & \text{支配对象}, & \text{书桌} \\ & \text{工具}, & \text{台灯}D \end{bmatrix}$$

$$= \begin{bmatrix} \text{照亮}\oplus\text{控制}\oplus\text{调节}, & \text{支配对象}, & \text{书桌}\oplus\text{开关}\oplus\text{光线} \\ & \text{工具}, & \text{台灯}D\oplus\text{装置}D_1\oplus\text{装置}D_2 \\ & \text{方式}, & a\oplus\text{声控}\oplus\text{手旋} \end{bmatrix}$$

其中台灯 D 的照亮方式可以任意,故用 a 记之.

5.2.3 或变换方法

若至少存在一个变换 T_1 或 T_2，使 $T_1B_1 = B_1'$ 或 $T_2B_2 = B_2'$，则

$$T_1B_1 \vee T_2B_2 = B_1' \vee B_2' = B'$$

并称变换 $T = T_1 \vee T_2$ 为变换 T_1 和 T_2 的或变换.

或变换是至少实施两个以上变换中的一个的变换.

例如，要想联系某人，可以选择面对面交流、电话交流、书信交流或网络交流等，这四种变换就是或变换.

对同一产品，不同的工艺处理方式，能耗也不同，因此在进行加工时，常常可设计多个变换，使其中任一变换的实施都可起到满足产品质量的作用，这便是或变换方法的应用.

案例分析

例 5.2.6 在加工钢板 D 时，可以采取如下变换之一：T_1 或 T_2，记作 $T = T_1 \vee T_2$，不同的工艺工程师可自行选择适合自己的变换方式：

$$T_1 \begin{bmatrix} 加工, & 支配对象, & 钢板D \\ & 工艺方式, & 车削 \\ & 工具, & 金刚石 \end{bmatrix} = \begin{bmatrix} 加工, & 支配对象, & 钢板D \\ & 工艺方式, & 铣削 \\ & 工具, & 硬质合金刀 \end{bmatrix}$$

$$T_2 \begin{bmatrix} 加工, & 支配对象, & 钢板D \\ & 工艺方式, & 车削 \\ & 批量, & 千件 \end{bmatrix} = \begin{bmatrix} 加工, & 支配对象, & 钢板D \\ & 工艺方式, & 电化学腐蚀 \\ & 批量, & 万件 \end{bmatrix}$$

例 5.2.7 在进行台灯的产品创新时，或者变换台灯的颜色的量值，或者变换台灯的形状的量值，或者变换台灯的材质的量值，都可以形成新产品创意. 该变换就是如下三个变换的或变换，记

$$T_1M_1 = T_1(台灯D, 颜色, 白色) = (台灯D', 颜色, 彩色) = M_1'$$
$$T_2M_2 = T_2(台灯D, 形状, 长方体) = (台灯D'', 形状, 球体) = M_2'$$
$$T_3M_3 = T_3(台灯D, 材质, 塑料) = (台灯D''', 材质, 玻璃) = M_3'$$

则 $T = T_1 \vee T_2 \vee T_3$，使 $T(M_1 \vee M_2 \vee M_3) = M_1' \vee M_2' \vee M_3'$.

5.2.4 逆变换方法

若存在变换 T, 使 $TB_0 = B_1$, 且存在变换 T', 使 $T'B_1 = B_0$, 即 $TT' = e$, 使

$$TB_0 = T(T'B_1) = eB_1 = B_1$$

则称变换 T' 为变换 T 的逆变换, 记作 $T^{-1} = T'$. 逆变换是对变换后的对象再实施一个变换而使其还原为原对象的变换, 是人们进行逆向思维的一种模式.

案例分析 --

例 5.2.8 有一个小朋友 D 在外面的草地上玩, 回家时把一只小毛毛虫放在手上带回了家. 他的妈妈很怕毛毛虫, 但又不想对儿子说自己害怕, 就跟儿子说: "快把小毛毛虫送出去, 它妈妈找不到它会着急的", 儿子乖乖地出去了. 过了一会儿, 儿子手上拿着一大一小两只毛毛虫进来了, 并对妈妈说: "我把小毛毛虫的妈妈也接来了, 她就不会着急了."

下面来分析一下此例中的妈妈和儿子解决矛盾问题的过程. 设

$$M_1 = (小毛毛虫\ D_1, 位置, 草地上)$$

$$M_2 = (小毛毛虫妈妈\ D_2, 位置, 草地上)$$

可以发现: 妈妈认为儿子作了变换

$$T_1 M_1 = (小毛毛虫\ D_1, 位置, 小朋友D家中) = M_1'$$

会使得小毛毛虫妈妈着急. 要解决此矛盾, 必须作变换 T_1 的逆变换 T_1^{-1}, 使

$$T_1^{-1} M_1' = T_1^{-1}(小毛毛虫\ D_1, 位置, 小朋友D家中)$$
$$= (小毛毛虫\ D_1, 位置, 草地上) = M_1$$

而儿子认为要解决此矛盾, 只须再对 M_2 实施变换 T_2, 使

$$T_2 M_2 = T_2(小毛毛虫妈妈\ D_2, 位置, 草地上)$$
$$= (小毛毛虫妈妈\ D_2, 位置, 小朋友D家中) = M_2'$$

即可实现小毛毛虫妈妈不着急的目标. 这里, 小朋友所作的是积变换 $T = T_2 T_1$, 同样可以使矛盾解决.

例 5.2.9 火箭发射时的平衡性问题, 希望的解决方法: 寻找 "耐高温" 的材料附加在火箭底部, 但找不到这种材料. 创新性解决方法: 寻找 "不耐高温" 的木质

材料附加在火箭底部,因为当火箭上升到一定高度和速度时,是不存在平衡性问题的,烧掉恰好可以减轻火箭的重量. 即当 t 为任意时刻时,对物元

$$M(t) = \begin{bmatrix} 材料D(t), & 作用, & 稳定火箭(t) \\ & 特点, & 不耐高温(t) \\ & 重量, & v(t) \end{bmatrix} = \begin{bmatrix} M_1(t) \\ M_2(t) \\ M_3(t) \end{bmatrix}$$

要想作变换

$$T_1 M_2(t) = T_1(材料D(t), 特点, 不耐高温(t))$$
$$= (材料D'(t), 特点, 耐高温(t)) = M_2'(t)$$

使 $T_1 M(t) = \begin{bmatrix} M_1(t) \\ M_2'(t) \\ M_3(t) \end{bmatrix} = M'(t)$,无法实现,即无法找到材料 $D'(t)$.

若当 $t = t_1 =$ "火箭发射初期" 时,作变换

$$T_1^{-1} M_2'(t_1) = T_1^{-1}(材料D'(t_1), 特点, 耐高温(t_1))$$
$$= (材料D(t_1), 特点, 不耐高温(t_1)) = M_2(t_1)$$

即

$$T_1^{-1} M'(t_1) = T_1^{-1} \begin{bmatrix} 材料D'(t_1), & 作用, & 稳定火箭(t_1) \\ & 特点, & 耐高温(t_1) \\ & 重量, & v(t_1) \end{bmatrix}$$
$$= \begin{bmatrix} 材料D(t_1), & 作用, & 稳定火箭(t_1) \\ & 特点, & 不耐高温(t_1) \\ & 重量, & v(t_1) \end{bmatrix} = \begin{bmatrix} M_1(t_1) \\ M_2(t_1) \\ M_3(t_1) \end{bmatrix}$$
$$= M(t_1)$$

而当 $t = t_2 =$ "火箭发射到一定高度" 时,作变换

$$T_1^{-1} M_2'(t_2) \wedge T_2 M_1(t_2) \wedge T_3 M_3(t_2) = \begin{bmatrix} 材料D(t_2), & 作用, & 0 \\ & 特点, & 不耐高温(t_2) \\ & 重量, & 0 \end{bmatrix}$$
$$= \begin{bmatrix} M_1'(t_2) \\ M_2(t_2) \\ M_3'(t_2) \end{bmatrix} = M''(t_2)$$

则选择现有材料 $D(t)$ 为木质材料即可,不必寻找耐高温材料 $D'(t)$.

5.3 传导变换方法

◆ 什么是蝴蝶效应?
◆ 为什么会"牵一发而动全身"?
◆ 什么是"良性循环"? 什么是"恶性循环"?
◆ 上述问题可否用形式化定量化方法描述?
◆ 如何利用它们进行创新或解决矛盾问题?

由于事物间的相关性和蕴含性的普遍存在,一个对象的变换会导致与其相关的其他对象发生的变换,称为传导变换. 传导变换的依据是对象间的相关性,因此,在对某对象实施可拓变换时,一定要首先利用相关网方法对该对象进行相关分析.

所谓传导变换方法,是指人们有意识地利用传导变换,去进行创新或解决矛盾问题的方法. 在介绍该方法之前,首先介绍传导变换的形式化定义、传导变换的类型及传导效应等知识.

5.3.1 传导变换的定义

对于基元 B_1 和 B_2,若 $B_1 \sim B_2$,则对于 B_1 实施的主动变换 $\varphi B_1 = B_1'$,必存在对于 B_2 的被动变换 $T_\varphi B_2 = B_2'$,且 $\varphi \Rightarrow T_\varphi$,称 T_φ 为由 φ 引起的一阶传导变换,简称传导变换.

主动变换和其传导变换之间一定存在蕴含关系. 如果有多个传导变换发生,则形成传导变换集.

例如,由于齿轮的硬度与寿命是相关的,即

$$(齿轮 D, 硬度, v_1) \sim (齿轮 D, 寿命, v_2)$$

若对齿轮的硬度实施主动变换,则会导致齿轮的寿命发生传导变换,即

$$\varphi(齿轮 D, 硬度, v_1) = (齿轮 D', 硬度, v_1')$$

$$T_\varphi(齿轮 D, 寿命, v_2) = (齿轮 D', 寿命, v_2')$$

且 $\varphi \Rightarrow T_\varphi$.

5.3.2 传导变换的类型

由于基元的三要素 O, c, v 之间具有密切的联系,尤其是物元的三要素之间,其中某一个要素的变换可能会导致其他要素随之发生改变,我们称为基元要素间的传导变换.

根据第 3 章介绍的相关网方法可知,基元之间的相关可分为同对象异特征相关、异对象同特征相关和异对象异特征相关,因此,基元之间的传导变换还包括同对象基元传导变换、异对象基元传导变换以及其他复杂传导变换.

下面分别介绍各种基本的传导变换.

1. 基元要素间的传导变换

设基元 $B(t) = (O(t), c, v(t))$,由于 $v(t) = c(O(t))$,则对该基元的对象 $O(t)$ 实施主动变换,其关于特征 c 的量值 $v(t)$ 可能发生传导变换. 同样,对该基元的量值 $v(t)$ 实施主动变换,其对象 $O(t)$ 也可能发生传导变换. 不发生传导变换是特例.

这种传导变换有多种形式,主要包括:

(1) 若 $\varphi O(t) = O'(t)$,则必有 $\varphi \Rightarrow T_\varphi$,使 $T_\varphi v(t) = v'(t)$. 通常在不需要特别指出主动变换和传导变换时,这种基元内部的主动变换和传导变换统一用如下变换表示:

$$TB(t) = T(O(t),\ c,\ v(t)) = (O'(t),\ c,\ v'(t))$$

当不需要考虑参变量且不致引起混淆时,可以简化为

$$TB = T(O,\ c,\ v) = (O',\ c,\ v')$$

例如,把桌子置换为椅子,则关于 "长度" 的量值一定发生变化. 量值相同只是特殊情况. 即

$$T(桌子O,\ 长度,\ 1\text{m}) = (椅子O',\ 长度,\ 0.5\text{m})$$

(2) 若 $\varphi v(t) = v'(t)$,则必有 $\varphi \Rightarrow T_\varphi$,使 $T_\varphi O(t) = O'(t)$. 通常在不需要特别指出主动变换和传导变换时,这种基元内部的主动变换和传导变换也统一用如下变换表示:

$$TB(t) = T(O(t),\ c,\ v(t)) = (O'(t),\ c,\ v'(t))$$

当不需要考虑参变量且不致引起混淆时,可以简化为

$$TB = T(O,\ c,\ v) = (O',\ c,\ v')$$

例如,某台灯的颜色是白色,如果把白色变为红色,则一定是另一个台灯了,即

$$T(台灯O,\ 颜色,\ 白色) = (台灯O',\ 颜色,\ 红色)$$

2. 同对象基元传导变换

设 $B_1 = (O, c_1, v_1), B_2 = (O, c_2, v_1)$，且 $B_1 \sim B_2$，若实施主动变换 $\varphi B_1 = B_1'$，则必存在同对象基元的传导变换 $T_\varphi B_2 = B_2'$.

若是多个基元形成的各种相关网，则传导变换会有多种不同的形式.

案例分析

例 5.3.1 变换灯饰的材质的量值, 会导致: 重量、工艺、成本、价格、销量、利润等特征的量值的改变. 变换灯饰的长、宽、高的量值, 会引起: 体积、重量、容积等的量值的改变.

这些都是同对象异特征基元间的传导变换, 依据的就是基元的如下相关网 (树):

$$M_1 = (\text{灯饰}D, \text{材质}, v_1) \tilde{\sim} \begin{cases} M_2 = (\text{灯饰}D, \text{重量}, v_2) \\ M_3 = (\text{灯饰}D, \text{工艺}, v_3) \\ M_4 = (\text{灯饰}D, \text{成本}, v_4) \\ M_5 = (\text{灯饰}D, \text{价格}, v_5) \\ M_6 = (\text{灯饰}D, \text{销量}, v_6) \\ M_7 = (\text{灯饰}D, \text{利润}, v_7) \end{cases}$$

此相关网说明, 若对 M_1 实施主动变换 φ, 会导致 $M_i (i = 2, \cdots, 7)$ 同时发生传导变换 $T_{\varphi i}$, 且 $\varphi \Rightarrow \bigwedge_{i=2}^{7} T_{\varphi i}$.

同理, 由于

$$M_8 \vee M_9 \vee M_{10} = (\text{灯饰}D, \text{长度}, v_8) \vee (\text{灯饰}D, \text{宽度}, v_9) \vee (\text{灯饰}D, \text{高度}, v_{10})$$

$$\tilde{\sim} \begin{cases} (\text{灯饰}D, \text{重量}, v_2) = M_2 \\ (\text{灯饰}D, \text{体积}, v_{11}) = M_{11} \\ (\text{灯饰}D, \text{容积}, v_{12}) = M_{12} \end{cases}$$

即 $M_8 \vee M_9 \vee M_{10} \sim M_2 \wedge M_{11} \wedge M_{12}$，若对 $M_i (i = 8, 9, 10)$ 中的任一个实施主动变换 φ_i, 会导致 $M_i (i = 2, 11, 12)$ 同时发生传导变换 $T_{\varphi i}$, 且 $\bigvee_{i=8}^{10} \varphi_i \Rightarrow T'_{\varphi 2} \wedge T_{\varphi 11} \wedge T_{\varphi 12}$.

3. 异对象基元传导变换

设 $B_1 = (O_1, c_1, v_1), B_2 = (O_2, c_2, v_1)$，且 $B_1 \sim B_2$，若实施主动变换 $\varphi B_1 = B_1'$，则必存在异对象基元的传导变换 $T_\varphi B_2 = B_2'$.

若 $c_1 = c_2$，则称为异对象同特征基元传导变换; 若 $c_1 \neq c_2$，则称为异对象异特征基元传导变换.

若是多个基元形成的各种相关网,则传导变换会有多种不同的形式.

案例分析

例 5.3.2 灯饰的颜色的量值的改变,会导致使用者的情绪的量值的变化;灯饰的结构的量值的改变,会导致使用者的使用方式的量值的改变.

这些都是异对象异特征基元间的传导变换,依据的是基元的如下相关网 (树):

$$M_1 = (灯饰D_1, 颜色, v_1) \sim M_2 = (使用者D_2, 情绪, v_2)$$

$$M_3 = (灯饰D_1, 结构, v_3) \sim M_4 = (使用者D_2, 使用方式, v_4)$$

若对 M_1 实施主动变换 φ_1,会导致 M_2 发生传导变换 $T_{\varphi_1}M_2 = M_2'$;若对 M_3 实施主动变换 φ_3,会导致 M_4 发生传导变换 $T_{\varphi_3}M_4 = M_4'$.

例 5.3.3 书桌的高度与椅子的高度、使用者的高度都是相关的,不同高度的书桌要配不同高度的椅子,不同高度的使用者要用不同高度的桌椅. 这些都是异对象同特征基元间的传导变换,依据的是基元的如下相关网 (树):

$$M_1 = (书桌D_1, 高度, v_1) \sim M_2 = (椅子D_2, 高度, v_2)$$

$$M_3 = (使用者D_3, 高度, v_3) \sim M_1 = (书桌D_1, 高度, v_1)$$

若作 $\varphi_1 M_1 = (书桌D_1', 高度, v_1') = M_1'$,则 M_2 必定要发生传导变换

$$T_{\varphi_1}M_2 = (椅子D_2', 高度, v_2') = M_2'$$

若作 $\varphi_3 M_3 = (使用者D_3', 高度, v_3') = M_3'$,则 M_1 必须发生传导变换

$$T_{\varphi_3}M_1 = (书桌D_1'', 高度, v_1'') = M_1''$$

进一步,M_2 又会发生传导变换. 此略.

4. 复杂传导变换

在很多情况下,在相关网中,既有同对象基元的相关,又有异对象基元的相关;既有与相关,又有或相关. 因此,一个主动变换的实施,会发生复杂的传导变换.

例如,某大学某年级筹备毕业 30 周年聚会,组织者建了一个微信群,邀请全班同学都加入. 但由于很多同学不会用微信,迫于同学聚会的吸引力,都在孩子或学生或朋友的帮助下加入了微信群. 所有加入的同学每天使用微信的时间都增加了,相应地手机流量的使用也增加了,更进一步,同学之间关系的亲密程度也增加了. 这就是一个复杂的传导变换.

这种复杂传导变换各领域都有, 如果能很好地分析和利用这种传导变换, 将有利于创新性地解决矛盾问题. 此不详述.

5. n 次传导变换

如果一个主动变换的实施, 会发生一连串的连锁反应, 这样的传导变换称为 n 次传导变换. 若主动变换用 φ 表示, 第 n 次传导变换用 $_{n-1}T_n$ 表示, 则有如下变换的蕴含关系:

$$\varphi \Rightarrow {}_\varphi T_1 \Rightarrow {}_1 T_2 \Rightarrow \cdots \Rightarrow {}_{n-2} T_{n-1} \Rightarrow {}_{n-1} T_n$$

这种传导变换形成了传导变换链.

案例分析

例 5.3.4 某汽车 D 的变速器 F 的传动比的量值的变化, 会导致发动机 E 油耗的量值的变化, 进而又会导致汽车 D 使用寿命的量值的变化. 这是由于

(变速器F, 传动比, v_1) $\sim$ (发动机E, 油耗, v_2) $\sim$ (汽车D, 使用寿命, v_3)

从而有

$$\varphi(\text{变速器}F, \text{传动比}, v_1) = (\text{变速器}F, \text{传动比}, v_1')$$

$$_\varphi T_1(\text{发动机}E, \text{油耗}, v_2) = (\text{发动机}E, \text{油耗}, v_2')$$

$$_1 T_2(\text{汽车}D, \text{使用寿命}, v_3) = (\text{汽车}D, \text{使用寿命}, v_3')$$

即发生二次传导变换: $\varphi \Rightarrow {}_\varphi T_1 \Rightarrow {}_1 T_2$.

特别地, 第 n 次传导变换可能又导致实施了主动变换的基元发生传导变换, 即形成传导变换环.

n 次传导变换就是我们通常常说的 "良性循环" 或 "恶性循环" 的形式化表达. 有兴趣了解更详细内容的读者可参阅文献 [10].

5.3.3 传导效应

传导效应是定量研究传导变换的重要指标, 可以根据需要选择适当的角度加以探讨. 下面以物元为例给出传导效应的计算方法.

给定物元 B_0 和 B, 若 $B_0 = (O_0, c_0, v_0), B = (O, c, v)$, 且 $B_0 \sim B$, 若存在主动变换 φ, 使 $\varphi B_0 = (O_0', c_0, v_0') = B_0'$, 且有传导变换 $T_\varphi B = (O', c, v') = B'$, 则 φ 关于特征 c 对于物元 B 的一阶传导效应为 $c(T_\varphi) = v' - v$. φ 关于 c_0 的主动变量为 $c_0(\varphi) = v_0' - v_0$.

若 $c(T_\varphi) > 0$, 则称此效应为关于特征 c 的正传导效应; 反之, 若 $c(T_\varphi) < 0$, 则称此效应为关于特征 c 的负传导效应; 若 $c(T_\varphi) = 0$, 则认为此传导变换关于特征 c 无传导效应.

称

$$\gamma = \frac{c(T_\varphi)}{|c_0(\varphi)|}$$

为传导变换 T_φ 关于主动变换 φ 的传导度.

此外, 还有一阶 n 次传导效应和 m 阶传导效应, 将更复杂, 有兴趣的读者可参考文献 [10] 中的相关内容进行更深入的学习, 此不详述.

一般地, 若 $B_0 \sim \bigwedge_{i=1}^{n} B_i, c(_\varphi T_i) = c(B_i') - c(B_i)$, 称

$$c(T_\varphi^{(1)}) = \sum_{i=1}^{n} c(_\varphi T_i) = \sum_{i=1}^{n} [c(B_i') - c(B_i)]$$

为 φ 关于 c 的综合一阶 1 次传导效应. 一阶 n 次传导效应记为 $c(T_\varphi^{(n)})$.

案例分析

例 5.3.5 汽车公司的产量的变化, 会导致汽车的价格的变化, 进而导致汽车公司的销售量的变化, 又会导致购买汽车的消费者的存款数量的变化, 即

$$\varphi(汽车公司 D_1, 产量, 1万辆/年) = (汽车公司 D_1', 产量, 1.5万辆/年)$$

$$_\varphi T_1(汽车 D_2, 价格, 20万元) = (汽车 D_2', 价格, 19万元)$$

$$_1T_2(汽车公司 D_1, 销售量, 0.9万辆/年) = (汽车公司 D_1', 销售量, 1.3万辆/年)$$

$$_2T_3(消费者 D_3, 存款量, 30万元) = (消费者 D_3, 存款量, 15万元)$$

则 φ 关于特征 "存款量" 的一阶 3 次传导效应为

$$c(T_\varphi^{(3)}) = 15 - 30 = -15$$

5.3.4 传导变换方法的一般步骤

传导变换是由于某个或某些主动变换的实施而引起的一种被动变换, 它的依据是第 3 章介绍的相关规则.

传导变换方法是主动利用传导变换进行创新或解决矛盾问题的方法, 一般步骤如下:

(1) 首先判断主动变换能否解决问题，若主动变换不能解决，则直接进入下一步；若主动变换能解决，则判断变换的时机或效果是否适合该变换或者判断该变换的代价大小，若变换的时机或效果合适，则结束；若不合适或者代价较大，则进入下一步.

(2) 对待实施主动变换的基元 B_1 进行相关分析，形成相关网，判断与其相关的基元可否实施主动变换，若可以，再判断此变换是否可以使基元 B_1 发生所需要的传导变换，若可以，则问题解决.

传导变换的方法很多，根据传导的阶数划分，可分为：一阶传导变换方法和多阶传导变换方法. 根据主动变换的对象的不同，传导变换方法可分为：基元变换引起的传导变换，规则变换引起的传导变换，论域变换引起的传导变换，共轭传导变换等.

注意 传导变换方法也可能在使原矛盾问题转化为不矛盾问题的同时，对其他基元产生新的传导变换，导致新的矛盾问题产生，这时，又必须采取新的变换，以解决新的矛盾问题.

案例分析

例 5.3.6 汽车质量每增加 20kg，油耗将增加 1%，这是发动机的设计短时间难以突破的问题. 设

$$M_1 = (发动机D_1, 油耗, 1.21\text{L/km})$$

$$M_2 = (汽车D_2, 质量, a\text{kg})$$

可以发现：若想直接作主动变换

$$T_1 M_1 = T_1(发动机D_1, 油耗, 1.21\text{L/km}) = (发动机D_1', 油耗, 1.2\text{L/km})$$

即要使发动机油耗降低 1%，很难实现，但是，由于 $M_2 \sim M_1$，通过实施变换

$$T_2 M_2 = T_2(汽车D_2, 质量, a\text{kg}) = (汽车D_2', 质量, (a-20)\text{kg})$$

可以使变换 T_1 实现，即 $T_2 \Rightarrow T_1$，亦即可以实现油耗降低 1% 的目标.

这是日本设计师在处理汽车节能问题时，所采用的对车身减重的原理来达到降低能耗的方法.

这个例子也启示我们：当主动变换无法实现目标时，可以考虑利用传导变换方法.

5.4 共轭变换方法

- ◆ 企业为什么要花钱做广告?
- ◆ 为什么有些企业更换了领导班子就可以扭亏为盈?
- ◆ 问题产品为什么要召回?
- ◆ 企业为什么要为职工建食堂、幼儿园、活动室等?

共轭变换是基于物的共轭规则和共轭分析方法的一种特殊类型的传导变换. 在介绍共轭变换之前, 首先要介绍物的共轭部的主动变换.

5.4.1 共轭部的变换

所谓共轭部的变换, 是指对物的四对共轭部中的任一部分的主动变换, 如对产品而言, 对形状、尺寸、材质等的量值的变换, 都是对产品实部的变换; 对品牌名称、品牌知名度的变换等, 都是对产品虚部的变换; 对产品的组成部分的变换, 是对硬部的变换; 对产品的结构、各组成部分的连接形式的变换等, 是对软部的变换; 对产品的显部的潜功能的开发, 如把产品的包装设计成可再利用的形式, 是对显部的变换; 对产品的不利于消费者的部分的改造, 如尽量减少药物对人体的副作用, 想办法消除手机的辐射等, 都是对产品的负部的变换.

根据第 4 章的共轭规则, 一般地, 在不考虑中介部的情况下, 物 O_m 按物质性、系统性、动态性和对立性, 可分为四对共轭部, 即虚部 $\text{im}(O_m)$ 与实部 $\text{re}(O_m)$、软部 $\text{sf}(O_m)$ 与硬部 $\text{hr}(O_m)$、潜部 $\text{lt}(O_m)$ 与显部 $\text{ap}(O_m)$、负部 $\text{ng}_c(O_m)$ 与正部 $\text{ps}_c(O_m)$. 这八部中某一部分的变换统称为共轭部变换.

各共轭部形成的基元的变换对应记为

$$T_{\text{im}} M_{\text{im}} = M'_{\text{im}}, \qquad T_{\text{re}} M_{\text{re}} = M'_{\text{re}}$$
$$T_{\text{sf}} M_{\text{sf}} = M'_{\text{sf}}, \qquad T_{\text{hr}} M_{\text{hr}} = M'_{\text{hr}}$$
$$T_{\text{lt}} M_{\text{lt}} = M'_{\text{lt}}, \qquad T_{\text{ap}} M_{\text{ap}} = M'_{\text{ap}}$$
$$T_{\text{ng}_c} M_{\text{ng}_c} = M'_{\text{ng}_c}, \quad T_{\text{ps}_c} M_{\text{ps}_c} = M'_{\text{ps}_c}$$

对物的共轭部的变换的研究, 是研究共轭变换的基础. 共轭部的变换方式与物的变换方式相同, 包括基本变换、变换的运算等.

5.4.2 共轭变换规则

由于共轭部之间存在各种各样的相关性,对实部的主动变换,可能会引起与其相关的虚部的多个特征的量值发生传导变换. 其他共轭部也有同样的情况. 如果能够充分利用这一性质,可以取得"一举多得"的效果. 事实上,物的内部还存在其他的传导变换,例如,对实部中某一部分的变换,会导致实部中与其相关的另一部分的变换; 对虚部中某一部分的变换,会导致虚部中与其相关的另一部分的变换.

根据共轭规则 4.1.2,对某一共轭部的变换会导致同一共轭对中另一共轭部的变换,称为共轭变换.

共轭变换可分为虚实共轭变换、软硬共轭变换、潜显共轭变换和负正共轭变换. 有如下共轭变换规则.

共轭变换规则 5.4.1 对物的实部的变换,会导致与其相关的虚部发生传导变换; 对物的虚部的变换,也会导致与其相关的实部发生传导变换.

设 M_{re} 为某物 O_m 的实部,M_{im} 为该物的虚部,若 $T_{im}M_{im} = M'_{im}$,则必存在 $_{im}T_{re}, T_{im} \Rightarrow _{im}T_{re}$,使 $_{im}T_{re}M_{re} = M'_{re}$,称 $_{im}T_{re}$ 是 T_{im} 的虚实共轭变换. 类似地,称 $_{re}T_{im}$ 是 T_{re} 的虚实共轭变换.

其中 T_{re}, T_{im} 分别表示对物 O_m 的实部 M_{re}、虚部 M_{im} 的主动变换,$_{re}T_{im}, _{im}T_{re}$ 分别表示对物的虚部 M_{im}、实部 M_{re} 的传导变换.

案例分析

例 5.4.1 对个人电脑而言,主机中的各个配件、显示屏、音响、所有的连接线等都是其实部,为了使电脑能正常工作,在组装电脑时,必须把所有的配件都按技术要求通过插口、插槽利用连接线连接起来,还必须安装操作系统和各种应用程序. 电脑的各物质性部分就是它的实部,其非物质部分,如电脑的品牌价值、外观形象、知名度、美誉度、操作系统和各种应用程序等,都是其虚部. 而要使虚部发生变化,如提高品牌价值,企业必须投入足够的人力、物力,通过改变硬件的功能、质量,或进行大量的广告宣传实现. 这些变换就是虚实共轭变换.

在解决矛盾问题的过程中,经常要用到虚实共轭变换,但虚实共轭变换的实现并不一定都有利于企业的发展,当共轭部间的传导变换产生负效应时,就会妨碍企业的发展.

例如,某企业为了提高企业的知名度而花巨资大做广告,虽然知名度立即提高了很多,但由于广告费投入过多,企业没有足够的资金投入生产和产品开发. 即对虚部的变换,导致了企业实力的下降,最终使企业的名声如昙花一现. 因此,必须充分重视这种传导效应,并采取有力措施,使变换成为企业发展的动力,这在解决矛盾问题时必须特别注意.

例 5.4.2 激光笔的电池、激光二极管、激光组件、外壳、指示灯等, 都是激光笔的实部, 而激光笔的指示灯发出的光线、照射出的图形、品牌等, 都是激光笔的虚部.

要想改变它照射出的图形的形状和尺寸, 必须首先利用虚实共轭对方法, 找到与图形相关的实部, 如电池、激光二极管、激光组件, 再根据共轭变换规则, 对实部的变换会导致与其相关的虚部发生传导变换, 即虚实共轭变换, 从而改变激光笔照射出的图形的形状和尺寸.

共轭变换规则 5.4.2 对物的硬部的变换, 会导致与其相关的软部发生传导变换; 对物的软部的变换, 也会导致与其相关的硬部发生传导变换.

这种传导变换称为软硬共轭变换. 软硬共轭变换可用符号表示为

$$T_{\text{hr}} \Rightarrow {}_{\text{hr}}T_{\text{sf}}, \quad T_{\text{sf}} \Rightarrow {}_{\text{sf}}T_{\text{hr}}$$

其中 $T_{\text{hr}}, T_{\text{sf}}$ 分别表示对物 O_m 的硬部 M_{hr}、软部 M_{sf} 的主动变换, ${}_{\text{hr}}T_{\text{sf}}, {}_{\text{sf}}T_{\text{hr}}$ 分别表示对物 O_m 的软部 M_{sf}、硬部 M_{hr} 的传导变换.

案 例 分 析

例 5.4.3 任何一个组织在进行部门人员组合 (硬部) 时, 除了要考虑部门中各个岗位对人员的要求外, 还要考虑人员之间的配合问题 (软部). 如果部门内部人员勾心斗角、互相拆台, 即使每个人有再大的能量也难以释放出来. 如果部门内部人员关系融洽、互相配合, 就会产生强大的凝聚力和创造力. 因此, 部门内部关系的变化 (软部), 会导致部门内每个人 (硬部) 的功能的变化. 此外, 外部关系的变化也会对硬部产生作用.

在招聘人员时, 常常不只看应聘者本人的情况, 还会关注他以前的工作情况. 如果他以前从事过相关工作, 招聘时必定优先考虑. 因为他有相关工作经验, 就会有相关的关系网, 一旦他被聘用, 他的所有外部关系 (软部) 都将随他来到新的岗位. 由此可见, 硬部的变化, 必将导致软部的变化.

例 5.4.4 在历史上, 很多弱国为了 "和平" 而不得不与强国签订 "不平等条约", 以 "割让土地" 来委曲求全, 这种以硬部 "土地" 的变换换取软部 "关系" 的改善, 从而实现 "和平" 的做法, 就是利用硬部的变换, 来取得软部的变换的方法.

共轭变换规则 5.4.3 对物的负部的变换, 会导致与其相关的正部发生传导变换; 对物的正部的变换, 也会导致与其相关的负部发生传导变换.

这种传导变换称为负正共轭变换. 负正共轭变换可用符号表示为

$$T_{\mathrm{ng}_c} \Rightarrow {}_{\mathrm{ng}_c} T_{\mathrm{ps}_c}, \quad T_{\mathrm{ps}_c} \Rightarrow {}_{\mathrm{ps}_c} T_{\mathrm{ng}_c}$$

其中 T_{ng_c}, T_{ps_c} 分别表示对物 O_m 关于特征 c 的负部 M_{ng_c}、正部 M_{ps_c} 的主动变换, ${}_{\mathrm{ng}_c}T_{\mathrm{ps}_c}$, ${}_{\mathrm{ps}_c}T_{\mathrm{ng}_c}$ 分别表示 T_{ng_c}, T_{ps_c} 对物 O_m 关于特征 c 的正部 M_{ps_c}、负部 M_{ng_c} 的传导变换.

案例分析

例 5.4.5 某企业在进行改制和生产结构调整后, 致使一部分厂房和设备成为多余. 关于利润而言, 这些多余的"厂房、设备", 都成了企业的负部, 因为这些厂房、设备不能用于产生效益, 企业却要花钱维护和保养. 为了改变这种局面, 企业必须进行认真的策划, 以使这些负部为企业的目标服务. 根据负正共轭变换规则, 可以通过某些变换把负部转化为正部, 如出租厂房和设备等.

例 5.4.6 机动车辆尾气未充分燃烧时所含成分不符合国家气体排放标准. 处理过程中常采用尾气回流管, 再次燃烧回流未充分燃烧的尾气, 不仅可以降低有毒气体含量还能获得热能.

此例中, "未充分燃烧的尾气"就是机动车的负部, 通过"回流再次燃烧"这个对负部的变换, 可使其转化为正部"热能".

共轭变换规则 5.4.4 对物的潜部的变换, 会导致与其相关的显部发生传导变换; 对物的显部的变换, 也会导致与其相关的潜部发生传导变换.

这种传导变换称为潜显共轭变换. 潜显共轭变换可用符号表示为

$$T_{\mathrm{lt}} \Rightarrow {}_{\mathrm{lt}} T_{\mathrm{ap}}, \quad T_{\mathrm{ap}} \Rightarrow {}_{\mathrm{ap}} T_{\mathrm{lt}}$$

其中 T_{lt}, T_{ap} 分别表示对物 O_m 的潜部 M_{lt}、显部 M_{ap} 的主动变换, ${}_{\mathrm{lt}}T_{\mathrm{ap}}$, ${}_{\mathrm{ap}}T_{\mathrm{lt}}$ 分别表示 T_{lt}, T_{ap} 对物 O_m 显部 M_{ap}、潜部 M_{lt} 的传导变换.

物的潜部, 有正潜部, 也有负潜部. 例如企业的"隐患"、发展过程中隐含的"危机"等, 都是企业的负潜部, 而企业的"潜在市场"、员工的"潜能"、企业的"发展潜力"等, 都是企业的正潜部. 因此, 如何采取有效的变换, 使企业的正潜部尽快显化, 而使企业的负潜部不要显化、或显化为正显部, 是企业一项非常重要的任务.

一个企业往往是被其潜在的竞争对手击败. 因此, 如何准确地发现潜在竞争者, 也是企业制胜的关键. 对于柯达公司而言, 一般人认为柯达公司的竞争对手是富士公司. 实际上, 柯达公司面临的最大威胁是来自家用摄像机技术的迅速发展, 即佳能和索尼公司开发出的数码相机.

例如, NBA13-14 年赛季结束, JAMES 宣布成为自由球员. 当时谁也不确定他会选择加入哪支球队, 但考虑到他很有可能会回到自己家乡的骑士队打球, 即 JAMES 是骑士队的潜部. 有一些票贩马上购买了大量骑士队的下赛季门票, 当 JAMES 宣布加入骑士队时, 他就成了骑士队的显部, 票价翻了几番, 这些票贩赚了一大笔钱.

5.4.3 共轭变换方法的一般步骤

利用共轭部的变换和共轭变换进行创新或解决矛盾问题的方法, 称为共轭变换方法. 其一般步骤与传导变换方法类似, 下面分别用案例说明.

例 5.4.7 某品牌手机 D 性价比中等, 口碑一般, 价格为 1999 元人民币, 系统性能中等, 软件创新程度较低. 在这样的条件下, 要想使企业的销售量增加, 应该怎么办?

显然此问题所涉及的是虚实共轭部的问题, 因此可用虚实共轭分析与变换方法.

首先根据条件对手机 D 进行虚实共轭分析:

$$M_{im} = \begin{bmatrix} 手机D, & 性价比, & 中等 \\ & 口碑, & 一般 \\ & 价格, & 1999元 \\ & 系统性能, & 中等 \\ & 软件创新程度, & 低 \end{bmatrix} = \begin{bmatrix} D, & c_1, & 中等 \\ & c_2, & 一般 \\ & c_3, & 1999元 \\ & c_4, & 中等 \\ & c_5, & 低 \end{bmatrix}$$

$$M_{re} = \begin{bmatrix} 手机D, & 硬件配置水平, & 中等 \\ & 销售量, & 低 \end{bmatrix} = \begin{bmatrix} D, & c_6, & 中等 \\ & c_7, & 低 \end{bmatrix}$$

M_{im} 是虚部物元, M_{re} 是实部物元.

根据领域知识可知, 有如下相关网

$$\left. \begin{array}{l} (D, c_3, v_3) \\ (D, c_4, v_4) \\ (D, c_5, v_5) \\ (D, c_6, v_6) \end{array} \right\} \sim (D, c_1, v_1) \sim (D, c_2, v_2)$$

再根据该企业的行业经验, 认为影响手机销售量的主要因素是性价比和口碑, 即

$$\left. \begin{array}{l} (D, c_1, v_1) \\ (D, c_2, v_2) \end{array} \right\} \sim (D, c_7, v_7)$$

根据虚实共轭变换规则,对虚部或者实部物元的变换,会导致与其相关的虚部或者实部物元发生传导变换,即对这两部分物元作主动变换 $\varphi = \varphi_3 \wedge \varphi_4 \wedge \varphi_5 \wedge \varphi_6$:

$$\varphi_3(D, c_3, v_3) = (D, c_3, v_3')$$
$$\varphi_4(D, c_4, v_4) = (D, c_4, v_4')$$
$$\varphi_5(D, c_5, v_5) = (D, c_5, v_5')$$
$$\varphi_6(D, c_6, v_6) = (D, c_6, v_6')$$

则必有如下传导变换

$$\varphi \Rightarrow {}_\varphi T_1 \Rightarrow {}_1 T_2$$

使

$${}_\varphi T_1(D, c_1, v_1) = (D, c_1, v_1')$$

$${}_1 T_2(D, c_2, v_2) = (D, c_2, v_2')$$

且必有 ${}_\varphi T_1 \wedge {}_1 T_2 \Rightarrow T$,使 $T(D, c_7, v_7) = (D, c_7, v_7')$,且 $v_7' > v_7$.

由此可见,通过对该手机的价格、系统性能、软件创新程度、硬件配置水平的量值的改变,使其性价比提高,从而使其口碑变好,最终导致手机销售量增加.

例 5.4.8 某灯饰企业在进行某款壁灯 D 创新时,希望通过改变灯的部件的连接关系创造新产品,应如何操作?下面利用软硬共轭变换方法进行分析.

首先分析壁灯 D 的硬部:壁灯 D 由灯架 D_1、灯泡 D_2、灯罩 D_3 组成,用物元表示为

$$M_{\mathrm{hr}} = \begin{bmatrix} D_1, & 形状, & L形 \\ & 颜色, & 白色 \\ & 材质, & 不锈钢 \\ & 重量, & 200\mathrm{g} \end{bmatrix} \wedge \begin{bmatrix} D_2, & 形状, & 球形 \\ & 光线颜色, & 黄色 \\ & 材质, & 玻璃 \\ & 重量, & 50\mathrm{g} \end{bmatrix}$$

$$\wedge \begin{bmatrix} D_3, & 形状, & 圆柱体 \\ & 颜色, & 白色 \\ & 材质, & 塑料 \\ & 重量, & 100\mathrm{g} \end{bmatrix} = M_{\mathrm{hr}1} \wedge M_{\mathrm{hr}2} \wedge M_{\mathrm{hr}3}$$

壁灯 D 的软部包括灯架、灯泡与灯罩之间的各种关系,用关系元表示为

$$M_{\mathrm{sf}} = \begin{bmatrix} 上下关系, & 前项, & D_2 \\ & 后项, & D_1 \end{bmatrix} \wedge \begin{bmatrix} 螺旋关系, & 前项, & D_2 \\ & 后项, & D_1 \\ & 程度, & 5 \end{bmatrix}$$

$$\wedge \begin{bmatrix} 上下关系, & 前项, & D_3 \\ & 后项, & D_1 \end{bmatrix} \wedge \begin{bmatrix} 嵌入关系, & 前项, & D_3 \\ & 后项, & D_1 \\ & 程度, & 5 \end{bmatrix}$$

$$\wedge \begin{bmatrix} 上下关系, & 前项, & D_3 \\ & 后项, & D_2 \end{bmatrix}$$

$$= M_{\mathrm{sf1}} \wedge M_{\mathrm{sf2}} \wedge M_{\mathrm{sf3}} \wedge M_{\mathrm{sf4}} \wedge M_{\mathrm{sf5}}$$

从软硬共轭分析的角度,要创造新产品,可以通过对硬部物元或软部关系元的变换实现. 例如对 M_{hr1} 实施主动变换

$$\varphi M_{\mathrm{hr1}} = \varphi \begin{bmatrix} D_1, & 形状, & L形 \\ & 颜色, & 白色 \\ & 材质, & 不锈钢 \\ & 重量, & 200\mathrm{g} \end{bmatrix} = \begin{bmatrix} D_1', & 形状, & 球冠形 \\ & 颜色, & 白色 \\ & 材质, & 不锈钢 \\ & 重量, & 50\mathrm{g} \end{bmatrix} = M_{\mathrm{hr1}}'$$

根据相关性,此变换必然导致与其相关的其他部件 (硬部) 和关系 (软部) 发生传导变换,即必存在共轭变换,例如

$$_\varphi T_1 M_{\mathrm{sf}} = \begin{bmatrix} 上下关系, & 前项, & D_2 \\ & 后项, & D_1' \end{bmatrix} \wedge \begin{bmatrix} 螺旋关系, & 前项, & D_2 \\ & 后项, & D_1' \\ & 程度, & 5 \end{bmatrix}$$

$$\wedge \begin{bmatrix} 上下关系, & 前项, & D_3 \\ & 后项, & D_1' \end{bmatrix} \wedge \begin{bmatrix} 嵌入关系, & 前项, & D_3 \\ & 后项, & D_1' \\ & 程度, & 5 \end{bmatrix}$$

$$\wedge \begin{bmatrix} 上下关系, & 前项, & D_3 \\ & 后项, & D_2 \end{bmatrix}$$

$$= M_{\mathrm{sf1}}' \wedge M_{\mathrm{sf2}}' \wedge M_{\mathrm{sf3}}' \wedge M_{\mathrm{sf4}}' \wedge M_{\mathrm{sf5}} = M_{\mathrm{sf}}'$$

此软硬共轭变换说明,改变硬部的形状的量值,会导致某些软部关系发生传导变换,从而形成新产品创意.

例 5.4.9 某生产锅类产品的企业,为了避开激烈的老产品市场竞争,开拓新的市场,在分析了人们的需求后,决定研制一种符合人们对 "不粘锅" 的需求且材

料对人体无害的新产品, 以提高企业的竞争力. 我们利用潜显共轭变换方法对企业进行分析.

设某企业 E 正在研制中的新概念产品或新产品模型为 $O(t)$, 根据潜显共轭分析知, 在企业进行生产前 (即 t_0 时刻), $O(t_0)$ 是企业的产品的潜物. 设生产前的产品潜部物元 (即 t_0 时刻的物元) 为

$$M_{\text{lt}}(O(t_0)) = \begin{bmatrix} O(t_0), & 名称, & 仿生不粘锅 \\ & 特点, & 无油烟 \wedge 不粘锅 \\ & 材质, & 陶钢合成材料 \end{bmatrix}$$

当对此新产品进行鉴定, 申请了专利后, 通过市场分析和可行性研究, 发现仿生不粘锅的市场很大, 可以采取措施, 使上述潜部物元显化, 即变为 t_1 时刻的物元

$$\varphi M_{\text{lt}}(O(t_0)) = M_{\text{ap}}(O(t_1))$$

上述变换 φ 使得潜部物元转化为如下显部物元:

$$M_{\text{ap}}(O(t_1)) = \begin{bmatrix} O(t_1), & 名称, & 仿生不粘锅 \\ & 特点, & 无油烟 \wedge 不粘锅 \\ & 材质, & 陶钢合成材料 \\ & 专利号, & a \end{bmatrix}$$

即生产仿生不粘锅.

另外, 新产品必须有新的生产车间或新的生产线, 即由于 φ 的实施, 必然导致企业 E 建立新的生产车间或新的生产线, 而生产线的增加, 必然导致企业资金投入增加, 当生产出新产品并投放市场后, 企业才会从此产品中获得收入. 也就是说, 由于此潜显共轭变换的发生, 会产生一系列的传导变换. 只有当企业利用该产品获得新的利润时, 才能证明此潜显共轭变换是成功的.

例 5.4.10 某企业 E 在生产过程中产生的废气 O_1、废水 O_2、废渣 O_3, 关于企业的利润 (记为特征 c) 而言, 是企业的负部, 形成三个负部物元

$$M_{\text{ng}_c}(O_1) = \begin{bmatrix} O_1, & 主要成分, & 瓦斯 \\ & 形态, & 气态 \\ & 颜色, & 黑色 \end{bmatrix}$$

$$M_{\mathrm{ng}_c}(O_2) = \begin{bmatrix} O_2, & 主要成分, & 有害物质 \\ & 形态, & 液态 \\ & 颜色, & 棕黑色 \end{bmatrix}$$

$$M_{\mathrm{ng}_c}(O_3) = \begin{bmatrix} O_3, & 主要成分, & 氧化硅 \\ & 形态, & 固态 \\ & 颜色, & 灰白 \end{bmatrix}$$

这"三废"成为企业的沉重包袱. 为了解决这些问题, 根据这三个负部物元的特点, 分别作变换:

$\varphi_1 O_1 = \{O_1', O_1''\}$, 即把 O_1 收集起来分离出燃气 O_1';

$\varphi_2 O_2 = \{O_2', O_2''\}$, 即把 O_2 不外排, 全闭路处理, 过滤出工业用水 O_2';

$\varphi_3 O_3 = O_3 \otimes 粘合剂 \otimes 配料 = O_3'$, 即把 O_3 中加入粘合剂和其他配料, 形成新的材料 O_3', 则形成如下三个正部物元:

$$_{\varphi_1} T_1 M_{\mathrm{ng}_c}(O_1) = M_{\mathrm{ps}_c}(O_1') = \begin{bmatrix} O_1', & 主要成分, & 瓦斯 \\ & 形态, & 气态 \\ & 颜色, & 无色 \end{bmatrix}$$

$$_{\varphi_2} T_2 M_{\mathrm{ng}_c}(O_2) = M_{\mathrm{ps}_c}(O_2') = \begin{bmatrix} O_2', & 主要成分, & 无害清水 \\ & 形态, & 液态 \\ & 颜色, & 无色 \end{bmatrix}$$

$$_{\varphi_3} T_3 M_{\mathrm{ng}_c}(O_3) = M_{\mathrm{ps}_c}(O_3') = \begin{bmatrix} O_3', & 主要成分, & 氧化硅 \\ & 形态, & 固态 \\ & 颜色, & 灰白 \end{bmatrix}$$

通过这三个变换, 使"三废"变为"三宝", 从而为企业节约很大的成本, 获取很大的利润, 也即从企业的负部转化为企业的正部.

具体做法是: 把废气收集起来进行分离处理, 并作为燃气进行利用, 用于烧锅炉和发电, 从而降低了企业的燃料费; 建立废水全闭路处理循环利用系统, 净化的无害清水作为工业用水再利用,节约了企业的用水量;把废渣作为制砖的原料,从而节约了买砖扩建厂房的成本,多余的砖还可作为产品销售,为企业获取利润.

5.5 复合变换方法

　　◆ 一个普通人,要把一个 100kg 重的保险箱从客厅搬入卧室,但又不能划伤木地板,怎么办?
　　◆ 可否用前面介绍的变换方法解决该问题?
　　◆ 您有多少种变换方法?

在很多实际问题的解决过程中,往往需要用到一些复杂的运算及传导变换,称为复合变换方法,常用的如中介变换、补亏变换等. 下面分别简要介绍这些方法.

5.5.1 中介变换方法

所谓中介变换,是指在通过某一变换无法实现要达到的目标时,若能引入一个起中介作用的基元,通过一定的变换而使目标实现的变换. 中介变换是特殊的积变换.

一般地,给定基元 B_0,要作变换 T,使 $TB_0 = B$ 无法实现,则可先作变换 φ,使 $\varphi B_0 = B_1$,再作 $T_1 B_1 = B_2$ 和 $T_2 B_2 = B$,从而

$$(T_2 T_1 \varphi) B_0 = T_2 T_1 (\varphi B_0) = T_2 (T_1 B_1) = T_2 B_2 = B$$

变换 φ 称为中介变换. 基元 B_1 称为中介基元.

特别地,若 $T_1 B_1 = B$,则不必再作变换 T_2.

例如,1969 年 7 月,美国人乘载阿波罗号载人飞船登上月球. 载人飞船就是"中介事物";为了使人到达一条大河的对面,"桥"和"船"都是实现这一目的的"中介物",用物元表达出来就是中介物元.

在产品创新中也经常应用中介变换获得新产品创意,而且很多"中介产品"都是利用这种方法产生的.

案例分析

例 5.5.1 要想把手机中的图片和文件传到电脑上, 原有的做法是利用手机连接线把手机连到电脑上, 然后把手机中的图片和文件复制到电脑上, 其中 "手机连接线" 就是中介物. 但这种方法需要随身携带手机连接线, 不够方便. 有没有其他方法?

为解决此矛盾问题, 腾讯公司在 QQ 中增加了 "文件助手" 功能, 可通过网络直接把手机中的文件传输到电脑, 也可以把电脑中的文件传输到手机. 这个 "文件助手" 软件就是中介物.

设 $M_1 = ($文件D, 位置, 手机$)$, 要使如下变换实现

$$T_1 M_1 = T_1(\text{文件}D, \text{位置}, \text{手机}) = (\text{文件}D, \text{位置}, \text{电脑}) = M_1'$$

但无法直接实现, 可先作变换

$$\varphi M_1 = \varphi(\text{文件}D, \text{位置}, \text{手机}) = (\text{文件}D, \text{位置}, \text{QQ文件助手}) = M_0$$

再作变换

$$T_2 M_0 = T_2(\text{文件}D, \text{位置}, \text{QQ文件助手}) = (\text{文件}D, \text{位置}, \text{电脑}) = M_1'$$

则可以使变换 T_1 实现, 即变换 $T_1 = T_2\varphi$, 其中 φ 为中介变换, 物元

$$M_0 = (\text{文件}D, \text{位置}, \text{QQ文件助手})$$

为中介物元.

从共轭分析的角度分析, 上例中的 "手机连接线" 是实的中介物, 而 "QQ 文件助手" 就是一个虚的中介物. 这就说明, 创造解决矛盾问题的中介物, 不但可以从实部考虑, 也可以从虚部考虑.

另外, 打印机的共享软件也是实现多台电脑共用一部打印机的中介物. U 盘和移动硬盘都是实现文件在不同存储器中传输的中介物.

5.5.2 补亏变换方法

在处理矛盾问题或进行产品创新的过程中, 常常采用 "以有余补不足" 的方法, 称之为补亏变换方法. "以物易物, 互通有无", 是物的补亏变换; 狼腿长善跑, 但不够聪明, 狈腿短跑不快, 但聪颖多思, 狼和狈结合, 利用彼此的长处一起去做坏事, 便是 "狼狈为奸" 的由来.

下面以物元为例说明补亏变换的两种形式.

1. 同特征物元间的补亏变换

给定物元 $M_1 = (O_1,\ c,\ v_1)$, $M_2 = (O_2,\ c,\ v_2)$, 若

$$T_1 M_1 = \{M_{11},\ M_{12}\} = \{(O_1',\ c,\ v_{11}),\ (O_2'',\ c,\ v_{12})\}$$

$$T_2 M_2 = M_2 \otimes M_{11} = (O_2,\ c,\ v_2) \otimes (O_1',\ c,\ v_{11}) = (O,\ c,\ v) = M$$

则称 $T = T_2 T_1$ 为同特征物元间的补亏变换.

这种补亏变换的实质是把另一个物上分解出一部分补充到该物上. 通常的增加变换也可以看作特殊的补亏变换, 即直接把另一物补充到该物上.

作物的补亏变换时, 相应的特征的量值一定也会发生传导变换, 即基元的要素间的传导变换.

2. 不同特征物元间的补亏变换

给定物元

$$M_1 = \left[\begin{array}{ccc} O_1, & c_1, & v_{11} \\ & c_2, & v_{12} \end{array}\right],\quad M_2 = \left[\begin{array}{ccc} O_2, & c_1, & v_{21} \\ & c_2, & v_{22} \end{array}\right]$$

若作

$$T_{11}(O_1,\ c_1,\ v_{11}) = (O_1',\ c_1,\ v_{11} \ominus v_{11}')$$

$$T_{21}(O_2,\ c_1,\ v_{21}) = (O_2',\ c_1,\ v_{21} \oplus v_{11}')$$

$$T_{22}(O_2,\ c_2,\ v_{22}) = (O_2,\ c_2,\ v_{22} \ominus v_{22}')$$

$$T_{12}(O_1,\ c_2,\ v_{12}) = (O_1',\ c_2,\ v_{12} \oplus v_{22}')$$

则称使 M_1 和 M_2 变为

$$M_1' = \left[\begin{array}{ccc} O_1', & c_1, & v_{11} \ominus v_{11}' \\ & c_2, & v_{21} \oplus v_{22}' \end{array}\right],\quad M_2' = \left[\begin{array}{ccc} O_2', & c_1, & v_{21} \oplus v_{11}' \\ & c_2, & v_{22} \ominus v_{22}' \end{array}\right]$$

的变换 $T = (T_{21}T_{11}) \wedge (T_{12}T_{22})$ 为不同特征物元间的补亏变换.

这种补亏变换实质上是把某一对象关于某特征的量值作删减变换, 同时另一对象关于该特征的量值作增加变换. 很多情况下, 也可能不作删减变换, 直接作增加变换实现补亏; 也可能把两个物元的对象合并生成一个新的对象.

特别地, 对同一物的两个不同特征的量值一个作删减变换, 同时另一个作增加变换, 也可称为补亏变换.

在企业间整合时, 这种补亏变换方法应用得非常多.

案 例 分 析

例 5.5.2 普通的刀具硬度无法达到加工时所需的硬度要求,通常采用在 45 号钢刀具上镀一层合金. 形式化表示如下:

$$M_1 = (45号钢刀具D_1, 硬度, 250), \quad M_2 = (硬质合金D_2, 硬度, 450)$$

作

$$T_1 M_1 = M_1 \otimes M_2 = (45号钢刀具D_1, 硬度, 250) \otimes (硬质合金D_2, 硬度, 450)$$

$$= (硬质合金刀具D, 硬度, 450) = M$$

则变换 T_1 为物的补亏变换. 显然,其关于硬度的量值也发生了相应的传导变换.

例 5.5.3 某日本公司与中国公司合作在中国办厂,中方可以利用外方的先进技术和设备,外方可利用中方廉价的劳动力资本和广阔的市场. 可用如下形式化模型表示:

$$M_1 = \begin{bmatrix} 中国公司D_1, & 技术水平, & 差 \\ & 设备先进性, & 差 \\ & 劳动力成本, & 低 \\ & 国内市场情况, & 广阔 \\ & 地址, & 中国大陆 \end{bmatrix}$$

$$M_2 = \begin{bmatrix} 日本公司D_2, & 技术水平, & 高 \\ & 设备先进性, & 高 \\ & 劳动力成本, & 高 \\ & 国内市场情况, & 小 \\ & 地址, & 日本 \end{bmatrix}$$

作变换

$$TM_1 = M_1 \otimes M_2 = \begin{bmatrix} 中日合资公司D, & 技术水平, & 高 \\ & 设备先进性, & 高 \\ & 劳动力成本, & 低 \\ & 国内市场情况, & 广阔 \\ & 地址, & 中国大陆 \end{bmatrix} = M$$

即在中国大陆建立一个中日合资公司,利用日本公司的高技术水平和先进设备、中国公司的低廉劳动力成本的广阔的中国市场.

由上可见，创新或解决矛盾问题的可拓变换有很多，除了基本可拓变换外，还有很多变换的运算和复合方法。在应用时，应具体问题具体分析，根据要解决问题的目标和条件的不同，选择合适的变换方法，以生成解决矛盾问题的策略。

1. 美国的"超级环"高速运输计划（运送人的管道）已启动，请分析该创意是如何生成的，并用可拓变换表示。

2. 一颗大树，都有哪些功能？能否利用拓展分析和基本可拓变换方法，让大树具有更多功能？

3. 木桶可以盛水、盛米、盛沙，…，木桶还可以做什么用？能否利用拓展分析和基本可拓变换方法，让木桶具有更多功能？可否用在其他领域？

4. 如果你有一栋小别墅，一个小窗户无法满足室内光照的需求，你有什么办法？你可否依据天气、季节甚至心情的变化来选择房子的光照颜值，随机变换，自由掌控？

5. 请看下图，小宝贝儿要自己下床，但床太高下不来。怎么办？请你帮小宝贝儿提出解决此问题的多个创意。

6. 活体植物可以发光照明吗？请利用拓展分析方法和可拓变换方法获得一个或多个创意，并说明利用了何种拓展分析方法和可拓变换方法。

7. 笔可以吃吗？笔可以 DIY 吗？如何获得一个或多个创意？

8. 手机可否自由 DIY？如何获得一个或多个创意？

9. 如何将4页彩色纸质文件制作成1个小于200kb的JPG文件,还必须能看清楚文件上的文字?

10. 习近平主席携夫人出访,均穿国产服装拿国产手袋,马上被网上疯传,导致该品牌产品脱销,国产品牌服装股价大涨. 为什么?

11. 分析现有的激光笔,利用可拓变换方法生成新产品创意.

12. 请利用共轭对方法分析自己的共轭部,并针对自己的某共轭部的缺点实施共轭部变换,进而分析所发生的共轭变换,得到改变自己的方案.

13. 利用共轭变换方法对自己的资源劣势进行变换,获得改变自己资源的方法.

14. 请将孙悟空的"72变"用可拓变换分类表示.

15. 您学过TRIZ吗?如果学过,请将"TRIZ的40条发明原理"用可拓变换分类表示,并对比此种表示方法是否更容易记忆.

第6章 创意的评价选优
——优度评价方法

内容提要

优度评价法是可拓学中定量化评价一个对象,包括事物、变换、创意、方案等的优劣的基本方法.本章首先简介优度评价方法中用到的一些预备知识,然后介绍单指标优度评价方法、一级多指标优度评价方法和多级优度评价方法.

6.1 预备知识

问题与思考

♦ 某一天,您有急事需要当天从北京去广州,而直达的飞机没有票了,怎么办?有多少种方法?哪一种方法更好?您是如何选择衡量指标的?有没有定量化工具?

♦ 产品创新人员在进行产品创新时,往往同时会有多个创意,如何定量化选择?

♦ 很多矛盾问题的解决,都有很多方法,如何定量化评价?哪种方法更好?

6.1.1 衡量指标

要评价一个对象的优劣,首先必须规定衡量指标,即用以判定一个对象优劣的标准.优劣是相对于一定的标准而言的.一个对象,关于某些衡量指标是有利的,对另外一些衡量指标却可能是有弊的.

因此,评价一个对象的优劣必须反映出利弊的程度以及它们可能的变化情况.这就要求我们根据实际问题的需要,制定出符合技术要求、经济要求和社会要求的

评价标准, 确定出衡量指标 $MI = \{MI_1, MI_2, \cdots, MI_n\}$, 其中 $MI_i = (c_i, V_i)$ 是特征元, c_i 是评价特征, V_i 都是数量化了的量值域 $(i = 1, 2, \cdots, n)$.

衡量指标的选取是非常重要的, 选取原则是:

1) 评价的目的性: 对不同的评价对象和评价主体, 目的不同, 选取的衡量指标就不同.

2) 评价的全面性: 考虑技术、经济、社会各方面的要求.

3) 评价的可行性: 指标要有代表性, 数据要真实可靠.

4) 评价的稳定性: 选取的衡量指标尽量稳定, 受偶然因素影响较大的因素要慎重考虑 (非满足不可的必须选入, 不是非满足不可的可考虑不选).

技术要求　　主要包括方案实施的工艺方面的难易程度、创新程度、客户对产品功能的要求等部分.

经济要求　　是指方案实施过程中所需要消耗的资本以及盈利等方面的要求, 包括人力、物力、财力、时间等.

社会要求　　是针对整个社会大环境而言的, 包括市场要求 (对象的潜在市场价值和发展前景)、环境要求 (光、声音、波、磁以及实体物等可能对我们生活的环境产生干扰的方面)、安全要求 (信息、财产、人身安全等方面)、法律要求、社会反馈等.

例如, "买房" 和 "租房" 所选择的衡量指标一定不完全相同; 不同类型的企业, 对同一产品创意的衡量指标也可能是不同的. 衡量指标的选取方法参见 6.2–6.4 节的案例, 此不详述.

在很多实际问题中, 有些衡量指标是非满足不可的, 这些指标通常用于对待评价对象进行首次评价筛选. 用这些指标筛选后, 再用其他指标进行评价.

6.1.2　关联函数与关联度

在经典数学中, 用特征函数来描述论域中的对象是否具有某种性质, 特征函数只取描述 "是" 与 "否" 的两个数 0 和 1.

在模糊数学中, 用隶属函数来表征论域中的对象具有某种性质的程度, 取值于 $[0, 1]$.

在可拓学中, 用关联函数来刻画论域中的对象具有某种性质的程度, 建立了实域上的关联函数, 使它能定量地、客观地表述对象具有某种性质的程度及其量变与质变的过程, 取值于 $(-\infty, +\infty)$.

对某一待评价对象 Z, 对关于某衡量指标 MI 建立关联函数 $k(z)$, 表示对象 Z 符合要求的程度, 称 $k(z)$ 的取值为 Z 关于 MI 的关联度.

建立关联函数时常用的几个域分别为:

(1) 标准正域, 也称为满意区间: $X_0 = \langle a_0, b_0 \rangle$;

(2) 过渡正域, 也称为可接受区间: $X_+ = X - X_0 = \langle a, a_0 \rangle \cup \langle b_0, b \rangle$;

(3) 正域: $X = \langle a, b \rangle$; (4) 过渡负域: $X_- = \langle c, a \rangle \cup \langle b, d \rangle$;

(5) 正域和过渡负域的并区间, 称为增广域或增广区间, 记作: $\hat{X} = \langle c, d \rangle$;

(6) 负域: $\bar{X} = \Re - X$; (7) 标准负域: $\overline{\overline{X}} = \Re - \hat{X}$.

上述区间 $X_0, X, \hat{X}$ 满足 $\hat{X} \supseteq X \supseteq X_0$ (即允许区间端点重合). 当三个区间无公共端点时, 它们之间的关系如图 6.1.1 所示.

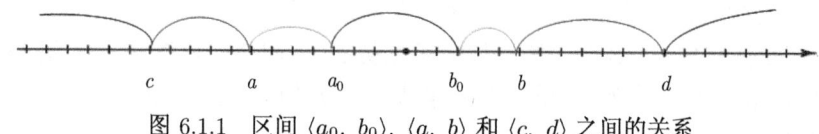

图 6.1.1 区间 $\langle a_0, b_0 \rangle$, $\langle a, b \rangle$ 和 $\langle c, d \rangle$ 之间的关系

区间的划分以关联度的值作为依据, 区间与关联度的取值范围的对应关系为

$$x \in X_0 = \langle a_0, b_0 \rangle, \quad k(x) \geqslant 1$$

$$x \in X_+ = \langle a, a_0 \rangle \cup \langle b_0, b \rangle, \quad 0 \leqslant k(x) \leqslant 1$$

$$x \in X_- = \langle c, a \rangle \cup \langle b, d \rangle, \quad -1 \leqslant k(x) \leqslant 0$$

$$x \in \overline{\overline{X}} = (-\infty, c) \cup \langle d, +\infty), \quad k(x) \leqslant -1$$

常用的关联函数有三种: 初等关联函数、简单关联函数、离散关联函数.

1. 初等关联函数

设满意区间 X_0 中某一点 x_0 为最优点, 建立初等关联函数

$$k(x) = \begin{cases} \dfrac{\rho(x, x_0, X)}{D(x, x_0, X_0, X)}, & D(x, x_0, X_0, X) \neq 0, x \in X \\ -\rho(x, x_0, X_0) + 1, & D(x, x_0, X_0, X) = 0, x \in X_0 \\ 0, & D(x, x_0, X_0, X) = 0, x \notin X_0, x \in X \\ \dfrac{\rho(x, x_0, X)}{D(x, x_0, X, \hat{X})}, & D(x, x_0, X, \hat{X}) \neq 0, x \in \Re - X \\ -\rho(x, x_0, \hat{X}) - 1, & D(x, x_0, X, \hat{X}) = 0, x \in \Re - X \end{cases}$$

其中, $\rho(x, x_0, X)$ 称为可拓距, 描述任意点 x 关于固定点 x_0 和区间 X 之间的位置关系 (不同于经典数学中点与区间的位置关系). $D(x, x_0, X_0, X)$ 称为位值, 用来描述点 x 关于 x_0 与 X_0 和 X 组成的区间套的位置关系. 同样, 位值 $D(x, x_0, X, \hat{X})$ 用来描述点 x 关于 x_0 与 X 和 $\hat{X}$ 组成的区间套的位置关系.

特别地, 当在 x_0 点处 $D(x_0, x_0, X_0, X) = 0$ 时, 对所有 $x \in X_0$, 规定 $k(x) = -\rho(x, x_0, X_0) + 1$, 其它区间上的关联函数同上.

此关联函数满足:

(a) 当 $x \in X_0$ 时, $k(x) \geqslant 1$;

(b) 当 $x \in X - X_0$ 且 $x \neq a \vee b$ 时, $0 < k(x) \leqslant 1$;

(c) 当 $x = a \vee b$ 时, $k(x) = 0$, 当 $x = a_0 \vee b_0$ 时, $k(x) = 1$;

(d) 当 $x \in X_- = \langle c, a \rangle \cup \langle b, d \rangle$ 时, $-1 \leqslant k(x) < 0$;

(e) 当 $x = c \vee d$ 时, $k(x) = -1$;

(f) 当 $x \in \overline{\overline{X}} = (-\infty, c) \cup (d, +\infty)$ 时, $k(x) < -1$;

(g) 当 $x = x_0$ 时, $k(x)$ 达到最大值.

下面给出初等关联函数中可拓距和位值的计算方法.

(i) 可拓距 $\rho(x, x_0, X)$: 根据固定点 x_0 在区间中的位置的不同, 可分为左侧可拓距、中点可拓距和右侧可拓距, 它们的计算公式如下.

(1) 左侧可拓距: 若 $x_0 \in \left(a, \dfrac{a+b}{2}\right)$, 则左侧可拓距为

$$\rho_l(x, x_0, X) = \begin{cases} a - x, & x \leqslant a \\ \dfrac{b - x_0}{a - x_0}(x - a), & x \in \langle a, x_0 \rangle \\ x - b, & x \geqslant x_0 \end{cases}$$

特别地, 当 $x_0 = a$ 时, 取

$$\rho_l(x, a, X) = \begin{cases} a - x, & x < a \\ a_z, & x = a \\ x - b, & x > a \end{cases}$$

其中

$$a_z = \rho_l(a, a, X) = \begin{cases} 0, & a \notin X \\ a - b, & a \in X \end{cases}$$

(2) 右侧可拓距: 若 $x_0 \in \left(\dfrac{a+b}{2}, b\right)$, 则右侧可拓距为

$$\rho_r(x, x_0, X) = \begin{cases} a - x, & x \leqslant x_0 \\ \dfrac{a - x_0}{b - x_0}(b - x), & x \in \langle x_0, b \rangle \\ x - b, & x \geqslant b \end{cases}$$

特别地, 当 $x_0 = b$ 时, 取

$$\rho_r(x, b, X) = \begin{cases} a - x, & x < b \\ b_z, & x = b \\ x - b, & x > b \end{cases}$$

其中

$$b_z = \rho_r(b, b, X) = \begin{cases} 0, & b \notin X \\ a-b, & b \in X \end{cases}$$

(3) 中点可拓距：若 $x_0 = \dfrac{a+b}{2}$，则中点可拓距为

$$\rho_m(x, x_0, X) = \left|x - \frac{a+b}{2}\right| - \frac{b-a}{2} = \begin{cases} a-x, & x \leqslant \dfrac{a+b}{2} \\ x-b, & x \geqslant \dfrac{a+b}{2} \end{cases}$$

同理可计算初等关联函数中的可拓距 $\rho(x, x_0, X_0)$ 和 $\rho(x, x_0, \hat{X})$，此不赘述．

(ii) 位值：点 x 关于 x_0 与 X_0 和 X 组成的区间套的位值为

$$D(x, x_0, X_0, X) = \rho(x, x_0, X) - \rho(x, x_0, X_0)$$

点 x 关于 x_0 与 X 和 $\hat{X}$ 组成的区间套的位值为

$$D(x, x_0, X, \hat{X}) = \rho(x, x_0, \hat{X}) - \rho(x, x_0, X)$$

且有 $D(x, x_0, X_0, X) \leqslant 0$，$D(x, x_0, X, \hat{X}) \leqslant 0$，其中的可拓距要根据具体问题判断是用左侧可拓距、右侧可拓距或中点可拓距．

特别地，当区间套均无公共端点时，有

$$D(x, x_0, X_0, X) < 0, D(x, x_0, X, \hat{X}) < 0$$

2. 简单关联函数

常用的简单关联函数有如下四种情况．

(1) 正域为有限区间 $X = \langle a, b \rangle$ 且最大值点 $x_0 \in (a, b)$，

$$k(x) = \begin{cases} \dfrac{x-a}{x_0-a}, & x \leqslant x_0 \\ \dfrac{b-x}{b-x_0}, & x \geqslant x_0 \end{cases}$$

当 $x_0 = a$ 时，

$$k(x) = \begin{cases} \dfrac{x-a}{b-a}, & x < a \\ \dfrac{b-x}{b-a}, & x \geqslant a \end{cases}$$

当 $x_0 = b$ 时，

$$k(x) = \begin{cases} \dfrac{x-a}{b-a}, & x \leqslant b \\ \dfrac{b-x}{b-a}, & x > b \end{cases}$$

(2) 正域为无限区间 $X = \langle a, +\infty)$，且最大值点 $x_0 \in (a, +\infty)$，

$$k(x) = \begin{cases} \dfrac{x-a}{x_0-a}, & x \leqslant x_0 \\ \dfrac{1+|x_0|}{x+1-x_0+|x_0|}, & x \geqslant x_0 \end{cases}$$

当 $x_0 = a$ 时，

$$k(x) = \begin{cases} x-a, & x < a \\ \dfrac{1+|a|}{x+1-a+|a|}, & x \geqslant a \end{cases}$$

若函数 $k(x)$ 在 $X = \langle a, +\infty)$ 没有最大值，则取 $k(x) = x - a$.

(3) 正域为无限区间 $X = (-\infty, b\rangle$，且最大值点 $x_0 \in (-\infty, b)$，

$$k(x) = \begin{cases} \dfrac{1+|x_0|}{1+x_0-x+|x_0|}, & x \leqslant x_0 \\ \dfrac{x-b}{x_0-b}, & x \geqslant x_0 \end{cases}$$

当 $x_0 = b$ 时，

$$k(x) = \begin{cases} b-x, & x > b \\ \dfrac{1+|b|}{1+b-x+|b|}, & x \leqslant b \end{cases}$$

若函数 $k(x)$ 在 $X = (-\infty, b\rangle$ 没有最大值，则取 $k(x) = b - x$.

(4) 正域为无限区间 $X = (-\infty, +\infty)$，且最大值点 $x_0 \in X$，

$$k(x) = \begin{cases} \dfrac{1}{1+x_0-x}, & x \leqslant x_0 \\ \dfrac{1}{x+1-x_0}, & x \geqslant x_0 \end{cases}$$

若函数 $k(x)$ 在 $X = (-\infty, +\infty)$ 没有最大值，则可取 $k(x) = \mathrm{e}^x$ 或 $k(x) = \mathrm{e}^{-x}$.

3. 离散关联函数

在很多实际问题中，研究对象关于某特征的取值是离散型的，如产品的质量等级可分为优、良、中、差；学生成绩可分为优秀、合格、不合格，等等，这些属于非数值型离散取值的情况。对于产品的质量等级，也有用 1, 2, 3, 4 级这样的数量值来表达，这属于数值型离散取值的情况。在模糊数学中，通常是用 $[0, 1]$ 的数为它们赋值，作为研究对象关于某特征的隶属函数。

在可拓学中，关联函数是描述研究对象关于某特征符合要求的程度，并规定关联函数的取值范围为 $\langle -\infty, +\infty \rangle$，因此，离散型关联函数的构造应该根据实际问题对研究对象关于某特征符合要求的程度的要求进行赋值。

例如,某公司招聘员工,对招聘条件中的特征"组织能力",要求必须达到"良好以上","中等"属于临界状态. 假设应聘者关于该特征的取值范围为 {优秀, 良好, 中等, 一般, 较差},则可建立如下关联函数:

$$k(x) = \begin{cases} 2, & x = 优秀 \\ 1, & x = 良好 \\ 0, & x = 中等 \\ -1, & x = 一般 \\ -2, & x = 较差 \end{cases}$$

当 $k(x) > 0$ 时,认为该应聘者关于特征"组织能力"符合要求;当 $k(x) < 0$ 时,认为该应聘者关于特征"组织能力"不符合要求;当 $k(x) = 0$ 时,认为该应聘者关于特征"组织能力"处于临界状态. 临界的情况在实际操作中,有时作为符合要求处理,有时作为不符合要求处理.

再如,某公司对应聘者的"外语水平"的要求是"达到英语四级 (425 分)",显然 425 分是临界条件,一般公司都把 $x = 425$ 作为符合要求,因此关于该特征的关联函数可建立为

$$k(x) = \begin{cases} 1, & x > 425 \\ 0, & x = 425 \\ -1, & x < 425 \end{cases}$$

即当 $k(x) \geqslant 0$ 时,认为该应聘者关于特征"外语水平"符合要求. 当然,如果需要,对该特征还可以进行更细的划分,如再考虑"达到英语六级"的情况,有兴趣的读者可自行考虑建立相应的关联函数.

一般地,离散型关联函数的形式为

$$k(x) = \begin{cases} v_1, & x = a_1 \\ v_2, & x = a_2 \\ \cdots \\ v_q, & x = a_q \\ 0, & x = a_0 \\ u_1, & x = b_1 \\ u_2, & x = b_2 \\ \cdots \\ u_l, & x = b_l \end{cases}$$

其中, $v_i > v_{i+1} > 0, i = 1, 2, \cdots, q-1; u_{j+1} < u_j < 0, j = 1, 2, \cdots, l-1$.

6.1.3 规范关联度

设待评价对象 $Z_j(j = 1, 2, 3, \cdots, m)$ 关于某个衡量指标 $MI_i(i = 1, 2, 3, \cdots, n)$

的取值为 x_{ij}, 关联度分别为 $k_i(x_{ij})$, 则

$$K_i(x_{ij}) = \frac{k_i(x_{ij})}{\max\limits_{j\in\{1,2,\cdots,m\}}|k_i(x_{ij})|}$$

称为 Z_j 关于 MI_i 的规范关联度.

6.1.4 优度

对任一待评价对象 $Z_j(j=1,2,3,\cdots,m)$, 除非满足不可的指标外的衡量指标集为 $MI=\{MI_1,MI_2,\cdots,MI_n\}$, Z_j 关于 MI_i 的规范关联度为 $K_i(x_j)(i=1,2,3,\cdots,n;j=1,2,3,\cdots,m)$, MI_i 的权系数为 α_i(α_i 表示衡量指标 MI_i 的相对重要程度) $(i=1,2,\cdots,n)$, 且 $0\leqslant\alpha_i\leqslant 1, \sum\limits_{i=1}^{n}\alpha_i=1$. 则对于下列不同的情况, 有不同的优度:

(1) 若实际问题中, 要求所有衡量指标的综合关联度大于 0 才认为对象 Z_j 符合要求, 则优度定义为 $C(Z_j)=\sum\limits_{i=1}^{n}\alpha_i K_i(x_{ij})$.

(2) 若实际问题中, 只要某一衡量指标的关联度大于 0 才认为对象 Z_j 符合要求, 则优度定义为 $C(Z_j)=\bigvee\limits_{i=1}^{n}K_i(x_{ij})$.

(3) 若实际问题中, 要求所有衡量指标的关联度都大于 0 才认为对象 Z_j 符合要求, 则优度定义为 $C(Z_j)=\bigwedge\limits_{i=1}^{n}K_i(x_{ij})$.

(4) 若实际问题中, 要求某一衡量指标的关联度必须大于某一阈值 $\lambda(\lambda>0)$, 否则该对象便不能采用, 则此衡量指标称为 "非满足不可的指标", 此时要先用该指标对评价对象进行首次评价, 对所有满足该指标的对象, 再采取上述三种优度之一进行计算.

6.2 单指标优度评价方法

优度评价的结果是一个相对的概念, 通过评价可以对具有相同特征的不同对象进行优劣判定. 单指标优度评价方法是选取一个衡量指标, 对待评对象做出的评价. 具体步骤如下.

1. 确定衡量指标

选定待评对象的某一个衡量指标 MI. 衡量指标中所要求的范围并不一定是满意的范围, 而是能够接受的范围. 有时候满意范围和可以接受的范围是可以重合的.

2. 首次评价

首先对该衡量指标进行定性分析, 判定其是否是非满足不可的指标. 如果该衡量指标是非满足不可的指标, 则只需判断待评对象是否满足, 即可结束评价. 否则, 进入下一步.

3. 计算关联度, 并作为待评对象的优度

设衡量指标 $MI = (c, X)$, X 的值代表能够接受的范围 (正域), 可以用可接受区间表示, 根据衡量指标的要求, 建立关联函数 $k(x)$, 计算关联度, 并作为待评对象的优度.

建立关联函数之前, 要首先判断衡量指标的取值范围, 即是否需要对衡量指标进一步扩大, 使得一些本来不能接受但是随着客观条件的变化也可以变得能够接受的范围也包含在区间内, 得到更大的区间. 或者对衡量指标的取值范围进一步缩小, 得到更加满意的范围.

(1) 若可接受区间 X 为一个有限区间或无限区间, 即只要满足该区间就能接受. 而且在此区间内, 只有在最优点的关联度取值最大, 不能或者没有必要再在其中找到一个满意区间. 则此时取简单关联函数 $k(x)$.

(2) 若 X 是一些离散数据的集合, 如 MI 表示产品的质量等级, 且 $X=\{$甲级, 乙级, 丙级$\}$, 若规定产品的质量等级达到甲级才符合要求, 并赋值为 1, 乙级为临界, 丙级为不符合要求, 并赋值为 -1, 则可取

$$k(x) = \begin{cases} 1, & x = 甲级 \\ 0, & x = 乙级 \\ -1, & x = 丙级 \end{cases}$$

各等级的值可根据专家的意见或历史资料打分得到.

(3) 若 X 能够继续细分为区间 X_0, X 和 $\hat{X}$ 构成的区间套, 即 $X_0 \subseteq X \subseteq \hat{X}$, 且 X_0 为满意区间, 则可应用 6.1 节介绍的初等关联函数.

案例分析

例 6.2.1 设某种工件的直径的最优点为 $M = 30$, 建立工件满足直径要求程度 $\Phi 30^{+0.01}_{-0.02}$ 的关联函数, 并求直径为 30.1, 29.99, 30, 29 的工件符合要求的程度.

解 设 $X = \langle 29.98, 30.01 \rangle$ 为满足要求的直径范围, 即正域, 根据正域为有限区间的简单关联函数的公式, 有

第 6 章 创意的评价选优——优度评价方法

$$k(x) = \begin{cases} \dfrac{x-29.98}{30-29.98}, & x \leqslant 30 \\ \dfrac{30.01-x}{30.01-30}, & x \geqslant 30 \end{cases} = \begin{cases} 50(x-29.98), & x \leqslant 30 \\ 100(30.01-x), & x \geqslant 30 \end{cases}$$

当 $x=30.1$ 时,$k(30.1)=100(30.01-30.1)=-9$;

当 $x=29.99$ 时,$k(29.99)=50(29.99-29.98)=0.5$;

当 $x=30$ 时,$k(30)=100(30.01-30)=50(30-29.98)=1$;

当 $x=29$ 时,$k(29)=50(29-29.98)=-49$.

例 6.2.2 一个中小型企业想要采购一批 3D 打印机,选择了 3 个品牌,单价分别为 2.9 万元, 2.7 万元, 3.9 万元. 假设企业最满意的桌面型 3D 打印机的单价是 2.5 万元,能够接受的价格范围是 1.5 万元到 3.0 万元,满意的价格范围是 2.0 万元到 2.7 万元. 如果对打印机质量和精度要求不是很高,打印机经销商做活动等,价格在 1.0 万元到 1.5 万元范围内的打印机也能由不能接受变为可接受. 如果考虑到打印机会给公司带来更大的收益,或者企业资金能够通过其他途径周转,价格在 3.0 万元到 3.5 万元范围内的打印机也能变为可接受的. 现在计算该企业对打印机价格的满意程度.

解 由上面信息可知,该企业关于桌面型 3D 打印机的价格评价特征的最优点和各种价格区间如下:

最优点: $x_0=2.5$ 万元; 正域: $X=\langle a,b \rangle = \langle 1.5, 3.0 \rangle$ 万元;

满意区间 (标准正域): $X_0 = \langle a_0, b_0 \rangle = \langle 2.0, 2.7 \rangle$ 万元;

可接受区间 (过渡正域): $X_+ = \langle a, a_0 \rangle \cup \langle b_0, b \rangle = \langle 1.5, 2.0 \rangle \cup \langle 2.7, 3.0 \rangle$ 万元;

过渡负域区间: $X_- = \langle c, a \rangle \cup \langle b, d \rangle = \langle 1.0, 1.5 \rangle \cup \langle 3.0, 3.5 \rangle$ 万元;

正域与过渡负域的并区间: $\hat{X} = \langle c, d \rangle = \langle 1.0, 3.5 \rangle$ 万元.

观察最优点以及三区间 X_0, X 和 $\hat{X}$ 的关系可知: 三个区间没有公共端点. 于是可利用 6.1 节中的初等关联函数:

$$k(x) = \begin{cases} \dfrac{\rho(x,x_0,X)}{D(x,x_0,X_0,X)}, & D(x,x_0,X_0,X) \neq 0,\ x \in X \\ \dfrac{\rho(x,x_0,X)}{D(x,x_0,X,\hat{X})}, & D(x,x_0,X,\hat{X}) \neq 0,\ x \in \Re - X \end{cases}$$

计算各品牌 3D 打印机的关联度即优度如下:

(1) $x=2.9$ 时,

$$k(2.9) = \frac{\rho(2.9,2.5,X)}{D(2.9,2.5,X_0,X)} = \frac{\rho(2.9,2.5,X)}{\rho(2.9,2.5,X) - \rho(2.9,2.5,X_0)}$$

$$= \frac{2(2.9-3.0)}{2(2.9-3.0)-(2.9-2.7)} = \frac{1}{2} = 0.5$$

(2) $x = 2.7$ 时,

$$k(2.7) = \frac{\rho(2.7, 2.5, X)}{D(2.7, 2.5, X_0, X)} = \frac{\rho(2.7, 2.5, X)}{\rho(2.7, 2.5, X) - \rho(2.7, 2.5, X_0)} = 1.0$$

(3) $x = 3.9$ 时,

$$k(3.9) = \frac{\rho(3.9, 2.5, X)}{D(3.9, 2.5, X, \hat{X})}$$

$$= \frac{\rho(3.9, 2.5, X)}{\rho(3.9, 2.5, \hat{X}) - \rho(3.9, 2.5, X)}$$

$$= \frac{3.9 - 3.0}{(3.9 - 3.5) - (3.9 - 3.0)} = -\frac{9}{5} = -1.8$$

计算可知该企业对三个品牌的 3D 打印机价格满意度分别为 $0.5, 1, -1.8$. 显然第二个品牌的满意度最高.

实际上, 这种单指标的评价可以直接根据待评对象的价格与企业认为的最优点的价格差来确定, 但无法获得精确的满意度. 此例验证了该关联函数用于衡量待评价对象符合要求的程度是恰当的.

例 6.2.3 在汽车生产中, 考虑到成本、安全、生产的技术难度以及功能的要求等方面的因素, 对汽车钢板的厚度有一定的要求. 测量显示某品牌的 ES 和 RX 两种型号的车的钢板平均厚度分别是 0.77mm 和 1.04mm, 针对钢板平均厚度这一特征, 对这两种型号的汽车进行优度评价.

(1) 确定衡量指标 根据专业知识, 汽车钢板能够接受的厚度范围是 $\langle 0.7, 2.0 \rangle$mm, 得到衡量指标:

$$MI_1 = (厚度, 能接受的厚度范围) = (厚度, \langle 0.7, 2.0 \rangle \text{mm})$$

(2) 首次评价 生产厂家没有对汽车钢板做出特殊的要求, 所以不将两种型号的汽车钢板厚度看作非满足不可的衡量指标. 可直接进行步骤 (3).

(3) 计算关联度, 即优度 对衡量指标的范围进一步缩小, 得到比较满意的范围是 $X_{01} = \langle 0.8, 1.9 \rangle$mm, 正域为 $X_1 = \langle 0.7, 2.0 \rangle$mm. 考虑到厚度的特殊要求或者技术的改进, 认为 $\langle 0.65, 0.7 \rangle$mm 和 $\langle 2.0, 2.2 \rangle$mm 范围内的厚度是过渡负域, 于是得到增广域为 $\hat{X}_1 = \langle 0.65, 2.2 \rangle$mm.

设汽车钢板的最佳厚度为 $x_{01} = 1.8$mm. 令 Z_1, Z_2 分别表示 ES 和 RX 两种型号的汽车, Z_1, Z_2 钢板的平均厚度分别为 $x_{11} = 0.77$mm, $x_{12} = 1.04$mm, 利用初等

关联函数的计算公式, 可以得到 Z_1, Z_2 关于衡量指标 MI_1 的关联度分别为

$$k_1(x_{11}) = \frac{\rho(x_{11}, x_{01}, X_1)}{D(x_{11}, x_{01}, X_0, X_1)} = \frac{0.7 - x_{11}}{\rho(x_{11}, x_{01}, X_1) - \rho(x_{11}, x_{01}, X_{01})}$$

$$= \frac{0.7 - 0.77}{(0.7 - 0.77) - (0.8 - 0.77)} = 0.7$$

$$k_1(x_{12}) = \frac{\rho(x_{12}, x_{01}, X_1)}{D(x_{12}, x_{01}, X_{01}, X_1)} = \frac{0.7 - x_{12}}{\rho(x_{12}, x_{01}, X_1) - \rho(x_{12}, x_{01}, X_{01})}$$

$$= \frac{0.7 - 1.04}{(0.7 - 1.04) - (0.8 - 1.04)} = 3.4$$

可以看出 Z_2 的关联度 (即优度) 较大, 于是可以得出结论: RX 汽车钢板厚度比 ES 钢板厚度更合适.

6.3 一级多指标优度评价方法

在对待评对象进行评价时, 往往需要考虑多个因素的影响, 如经济、技术、社会等各方面的情况, 即多指标的综合评价.

当多个衡量指标被同时考虑, 且这些指标无级别之分时, 称为一级多指标优度评价方法, 简称优度评价方法. 其具体步骤如下.

1. 确定衡量指标

设所选取的衡量指标为 $MI_1, MI_2, \cdots, MI_n$, 关于各衡量指标 MI_i 的量值域 X_i 的确定, 要注意如下几点:

(1) 要以社会经济现象的实现状况为依据, 要根据与被评价对象有关的取值范围资料和历史资料为基础;

(2) 要注意到社会经济现象的发展变化趋向, 把变化估计数值作为确定量值域时的参考;

(3) 量值域的确定应具有一定的调节和管理作用, 为此, 可考虑把国家 (地区、部门) 社会经济管理中的规划值、计划值等标准数据作为量值域的边界.

2. 确定权系数

评价一个对象 $Z_j(j = 1, 2, \cdots, m)$ 的优劣的各衡量指标 $MI_1, MI_2, \cdots, MI_n$ 有轻重之分, 以权系数来表示各衡量指标的重要性程度. 对于非满足不可的指标, 用指数 Λ 来表示, 对于其他衡量指标, 则根据重要程度分别赋以 $[0, 1]$ 的值. 权系数记为 $\alpha = (\alpha_1, \alpha_2, \cdots, \alpha_n)$, 其中, 若 $\alpha_{i_0} = \Lambda$, 则 $\sum\limits_{\substack{i=1 \\ i \neq i_0}}^{n} \alpha_i = 1$.

权系数的大小对于优度的高低具有举足轻重的作用,不同的权系数会得出不同的结论,引起被评价对象优劣顺序的改变. 如果权系数由人来确定,常常带有主观随意性,会影响评价的真实性和可靠性. 为了尽量合理地确定权系数,可以使用层次分析法或其他权重确定方法来确定衡量指标间的相对重要性次序,从而确定权系数.

3. 首次评价

确定各衡量指标的权系数后,首先利用非满足不可的指标对评价对象进行筛选,除去不满足该指标的对象,然后对已符合非满足不可的指标 Λ 的对象进行下面的步骤 (设 $Z_1, Z_2, \cdots, Z_m$ 均符合非满足不可的指标).

4. 建立关联函数,计算关联度

设衡量指标集 $MI = \{MI_1, MI_2, \cdots, MI_n\}, MI_i = (c_i, X_i)$ $(i = 1, 2, \cdots, n)$,权系数分配为 $\alpha = (\alpha_1, \alpha_2, \cdots, \alpha_n)$,根据各衡量指标的要求,建立关联函数 $k_1(x_1)$,$k_2(x_2), \cdots, k_n(x_n)$. 每个衡量指标对应的关联函数的建立方法同单指标的情况一样,可按照相同步骤进行求解.

5. 计算规范关联度

设每个待评对象 Z_j 关于各衡量指标 MI_i 的取值为 x_{ij},关联度为 $k_i(x_{ij})$,则它们对应的规范关联度的计算方法如下:

$$K_i(x_{ij}) = \frac{k_i(x_{ij})}{\max\limits_{j=1}^{m} |k_i(x_{ij})|} \quad (i = 1, 2, \cdots, n; j = 1, 2, \cdots, m)$$

6. 计算优度

多衡量指标的优度可根据具体情况按照 6.1.4 小节中介绍的优度的计算方式进行计算.

对于第 (1) 种优度的计算过程可按表 6.3.1 进行. 对于第 (2)、第 (3) 种优度的计算过程可按表 6.3.2 进行. 优度的大小表示了对象的优劣程度.

表 6.3.1 第 (1) 种优度的优度评价表

衡量指标	权系数	关联度				规范关联度		
		对象 Z_1	对象 Z_2	$\cdots$	对象 Z_m	对象 Z_1	$\cdots$	对象 Z_m
MI_1	α_1	$k_1(x_{11})$	$k_1(x_{12})$	$\cdots$	$k_1(x_{1m})$	$K_1(x_{11})$	$\cdots$	$K_1(x_{1m})$
MI_2	α_2	$k_2(x_{21})$	$k_2(x_{22})$	$\cdots$	$k_2(x_{2m})$	$K_2(x_{21})$	$\cdots$	$K_2(x_{2m})$
$\vdots$	$\vdots$	$\vdots$	$\vdots$	$\vdots$	$\vdots$	$\vdots$	$\vdots$	$\vdots$
MI_n	α_n	$k_n(x_{n1})$	$k_n(x_{n2})$	$\cdots$	$k_n(x_{nm})$	$K_n(x_{n1})$	$\cdots$	$K_n(x_{nm})$
优度						$\sum\limits_{i=1}^{n} \alpha_i K_i(x_{i1})$	$\cdots$	$\sum\limits_{i=1}^{n} \alpha_i K_i(x_{im})$

表 6.3.2 第 (2)、第 (3) 种优度的优度评价表

衡量指标	关联度				规范关联度		
	对象 Z_1	对象 Z_2	$\cdots$	对象 Z_m	对象 Z_1	$\cdots$	对象 Z_m
MI_1	$k_1(x_{11})$	$k_1(x_{12})$	$\cdots$	$k_1(x_{1m})$	$K_1(x_{11})$	$\cdots$	$K_1(x_{1m})$
MI_2	$k_2(x_{21})$	$k_2(x_{22})$	$\cdots$	$k_2(x_{2m})$	$K_2(x_{21})$	$\cdots$	$K_2(x_{2m})$
$\vdots$	$\vdots$	$\vdots$		$\vdots$	$\vdots$		$\vdots$
MI_n	$k_n(x_{n1})$	$k_n(x_{n2})$	$\cdots$	$k_n(x_{nm})$	$K_n(x_{n1})$	$\cdots$	$K_n(x_{nm})$
优度取最小值					$\bigwedge\limits_{i=1}^{n} K_i(x_{i1})$	$\cdots$	$\bigwedge\limits_{i=1}^{n} K_i(x_{im})$
优度取最大值					$\bigvee\limits_{i=1}^{n} K_i(x_{i1})$	$\cdots$	$\bigvee\limits_{i=1}^{n} K_i(x_{im})$

注意 在处理实际问题的过程中,有些指标是非满足不可的,该指标不能达到,其他任何指标再好也不能使用. 例如, 在设计建筑物时, 材料的选择、设备的配置等, 关于安全系数指标的要求是非满足不可的. 凡是达不到安全要求的一切材料、设备、方案都是不能使用的.

关于一个对象的评价往往不能只考虑有利的一面, 还要考虑不利的一面. 例如某企业生产某产品, 虽然可以盈利很多, 但废气对环境的污染十分严重, 另一个产品虽然盈利没那么多, 但无公害. 对应该生产何种产品, 必须考虑利弊双方, 进行综合评价, 最后才能得到合适的筛选方案. 此外, 在评价时, 往往要考虑到动态性和可变性, 对潜在的利弊进行考虑.

一级优度评价的衡量指标不需要再细化分出众多的子指标. 每个衡量指标都是针对某个确定的评价特征的. 一级多指标优度评价的流程图如图 6.3.1 所示.

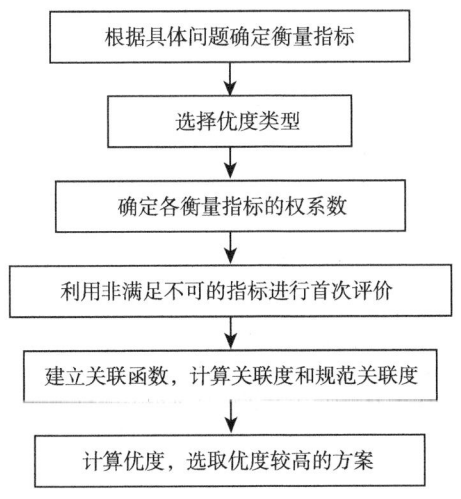

图 6.3.1 一级多指标优度评价法的基本流程

案例分析

例 6.3.1 在例 6.2.3 中对某品牌的 ES(Z_1) 和 RX(Z_2) 两种型号的汽车钢板的厚度进行了优度评价，得出结论是 RX 比较好，但是这只是单方面的比较，如果想要更全面地对两款车型进行比较，还需要考虑其他特征。现在针对钢板厚度、价格、口碑等特征对这两款车进行多指标优度评价。

(1) 确定衡量指标 从技术方面考虑，可以把钢板厚度作为评价特征，钢板厚度的关联度已经算出，可参见例 6.2.3.

从经济要求考虑，可以把价格作为评价特征，对中等收入的人们来说，能够接受的汽车价格范围，即价格的正域是 $\langle 10.0, 50.0 \rangle$ 万元，得到衡量指标

$$MI_2 = (价格, \langle 10.0, 50.0 \rangle 万元)$$

从社会要求考虑，可以把网上对汽车的评价反馈作为评价特征，一般来说，能够接受的汽车的评分，即评分的正域是 $\langle 4.0, 5.0 \rangle$，得到衡量指标

$$MI_3 = (网上评价分数, \langle 4.0, 5.0 \rangle)$$

(2) 确定权系数 根据三种衡量指标的重要程度，对三种指标进行权系数划分，MI_1, MI_2, MI_3 三种衡量指标的权系数分别为 $\alpha_1 = 0.3, \alpha_2 = 0.4, \alpha_3 = 0.3$.

(3) 首次评价 客户购买汽车，可以按照需要提出不同的要求，此案例没有对汽车提出特殊要求，故可以直接进行下一步.

(4) 计算关联度及规范关联度 a) 关于衡量指标 MI_1 的关联度在例 6.2.3 中已经算出，Z_1, Z_2 的规范关联度分别为

$$K_1(x_{11}) = \frac{0.7}{3.4} = 0.206, \quad K_1(x_{12}) = 1$$

b) 计算衡量指标 MI_2 的关联度及规范关联度.

由于价格的正域是 $X_2 = \langle 10.0, 50.0 \rangle$ 万元. 为了评价的合理性，可以对价格范围进一步缩小，得到比较满意的范围，即标准正域是 $X_{02} = \langle 15.0, 30.0 \rangle$ 万元. 但价格在 $\langle 7.0, 10.0 \rangle$ 万元范围内时，通过一定的变换也可以变为接受，但是超过 50 万就不能接受了. 于是可以得到增广区间 $\hat{X}_2 = \langle 7.0, 50.0 \rangle$ 万元.

假设该品牌汽车的最佳价格为 $x_{02} = 30.0$ 万元. Z_1, Z_2 的价格分别为 $x_{21} = 35.9$ 万元, $x_{22} = 46.9$ 万元，利用初等关联函数的计算公式，可以得到 Z_1, Z_2 关于

衡量指标 MI_2 的关联度分别为

$$k_2(x_{21}) = \frac{\rho(x_{21}, x_{02}, X_2)}{D(x_{21}, x_{02}, X_{02}, X_2)} = \frac{x_{21} - 50}{\rho(x_{21}, x_{02}, X_2) - \rho(x_{21}, x_{02}, X_{02})}$$

$$= \frac{x_{21} - 50}{(x_{21} - 50) - (x_{21} - 30)} = 0.705$$

$$k_2(x_{22}) = \frac{\rho(x_{22}, x_{02}, X_2)}{D(x_{22}, x_{02}, X_{02}, X_2)} = \frac{x_{22} - 50}{\rho(x_{22}, x_{02}, X_2) - \rho(x_{22}, x_{02}, X_{02})}$$

$$= \frac{x_{22} - 50}{(x_{22} - 50) - (x_{22} - 30)} = 0.155$$

于是可以得到规范关联度分别为

$$K_2(x_{21}) = \frac{0.705}{0.705} = 1$$

$$K_2(x_{22}) = \frac{0.155}{0.705} = 0.22$$

c) 计算衡量指标 MI_3 的关联度及规范联度.

对于网上评价分数, 能接受的范围是 $X_3 = \langle 4.0, 5.0 \rangle$. 满分 5 分为最优点, 高于 4 分的才能接受, Z_1, Z_2 的分数分别为 $x_{31} = 4.0$, $x_{32} = 4.0$, 最优点为 $x_{03} = 5.0$.

利用简单关联函数的计算公式, 可以得到 Z_1, Z_2 关于衡量指标 MI_3 的关联度分别为

$$k_3(x_{31}) = \frac{x_{31} - 4}{x_{03} - 4} = 0, \quad k_3(x_{32}) = \frac{x_{32} - 4}{x_{03} - 4} = 0$$

于是可以得到规范关联度分别为

$$K_3(x_{31}) = 0, \quad K_3(x_{32}) = 0$$

(5) **计算优度** 对两款车进行综合评价, 可采用加权求和的方式计算综合优度, Z_1, Z_2 的优度分别为

$$C(Z_1) = \sum_{i=1}^{3} \alpha_i K_i(x_{i1}) = 0.3 \times 0.206 + 0.4 \times 1 + 0 = 0.4618$$

$$C(Z_2) = \sum_{i=1}^{3} \alpha_i K_i(x_{i2}) = 0.3 \times 1 + 0.4 \times 0.22 + 0 = 0.388$$

可以看出 Z_1 的优度较大, 于是可以得出结论: 综合考虑钢板厚度、价格、网上评价分数三个评价特征的情况下, $ES(Z_1)$ 比 $RX(Z_2)$ 更好.

6.4 多级优度评价方法

由于对复杂对象的评价要涉及的衡量指标(评价特征)很多,而每个衡量指标都要赋予一定的权重,故当衡量指标很多时,必然存在以下问题:

(1) 权重难以恰当分配. 因为分配权重有时需要依靠人的主观判断, 当衡量指标太多时, 很难判断准确. 另外, 由于衡量指标可能具有层次性, 即使应用层次分析法等, 也很难准确分配不同层次衡量指标的权重.

(2) 得不到有意义的评价结果. 因为各权重通常应具备归一性, 故当衡量指标很多时, 权重必然很小, 这样难以真实地反映各衡量指标在整体中的地位.

鉴于此, 需要采取多级(或多层)优度评价来解决这类问题. 多级优度评价法是在前面介绍的优度评价法的基础上, 首先对衡量指标进行分级, 再对各级衡量指标赋予权重, 从而对评价对象进行的综合评价.

6.4.1 多级衡量指标的划分及其权系数的设定

衡量指标是判定对象优劣的准则, 决定了整个优度评价方法的正确性、合理性. 权系数是对评价特征相对于评价者而言的重要程度的描述, 决定了该评价结果与评价者自身需求的关系, 体现的是优度评价方法的实用性. 因此, 衡量指标的划分和权系数的设定直接影响到评价的结果. 为保证优度评价方法的正确性、合理性、实用性等, 下面介绍多级衡量指标的划分以及权系数的设定方法.

1. 多级衡量指标

多级衡量指标是指具有多个评价特征的衡量指标. 在实际优度评价中, 评价对象的种类和评价者群体的多样, 使得优度评价的衡量指标也必须层次化、类别化, 对评价对象的多个特征进行综合考虑, 从而建立多级衡量指标体系, 实现多级优度评价.

确定多级衡量指标, 要考虑到评价的目的性、全面性、可行性、稳定性, 这就要求我们根据实际问题的需要, 制定出符合技术要求、经济要求和社会要求的评价标准, 即让衡量指标类别化, 将对象的复杂特征按照技术、经济、社会等三方面的要求进行综合考虑, 避免遗漏评价特征. 具体内容参见 6.1.1 小节.

这三方面的要求之间并非完全独立的. 在确定这些指标时, 要注意以下问题:

(1) 技术要求、经济要求、社会要求是用于确定衡量指标的三个不同方面, 每个方面可以包含多个不同的评价特征, 每个评价特征可以根据实际情况进一步细化分.

(2) 一个评价特征可能不只是单纯地属于技术要求、经济要求、社会要求中的某个方面, 可以属于多个方面, 即多方面相互结合产生的评价特征.

(3) 衡量指标可以根据实际情况进行细化, 形成子指标, 对子指标也可以进行再划分, 依次类推, 直至衡量指标细化到不能再细分为止, 从而形成多种不同层次的衡量指标.

综合三类衡量指标, 可建立多级衡量指标体系, 如图 6.4.1(a) 所示. 为方便表述, 使衡量指标结构更加清晰, 可以将不同层次的衡量指标分别定义为不同级别的衡量指标.

一级指标是由三类要求直接确定的衡量指标, 如图 6.4.1(a) 中

$$MI = \{MI_1, MI_2, \cdots, MI_n\}$$

为一级指标, 由一级指标细分出来的子指标

$$MI_{ij} \quad (i = 1, 2, \cdots, n; j = 1, 2, \cdots, m_h; h = 1, 2, \cdots, r)$$

为二级指标, 依此类推. 由同一个指标所划分的众多子指标之间称为同源指标, 如 $MI_{11}, MI_{12}, \cdots, MI_{1m_1}$ 是一组由指标 MI_1 细分出的同源指标. 三级、四级指标同理.

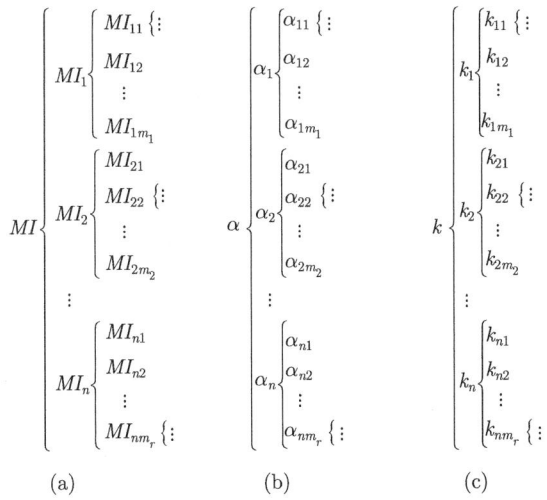

图 6.4.1 多级优度评价方法中的符号体系

2. 权系数

评价一个对象的优劣, 要综合考虑对象的复杂特征, 而且不同特征对评价者的重要程度是不一样的, 需要对不同特征按照重要程度分别赋予不同的值. 只有同一特征的子指标之间才需要按照重要程度进行划分, 即评价特征重要程度的划分是以同源指标为单位的. 同源指标中各衡量指标的重要性程度用权系数来表示, 权系数的表示符号与衡量指标的表示符号相对应, 如图 6.4.1(b) 所示.

权系数的确定直接影响到综合优度评价的结果. 权系数的确定方法有经验性权数法、因子分析权数法、独立性权数法、层次分析权数法等, 可以根据实际情况选择不同的权系数确定方法对权系数进行确定. 为保证权系数确定的合理性, 各个衡量指标的权系数确定时需满足下面的原则:

(1) 权系数确定方法的选取, 是由评价者根据自己的具体需求选定的. 权系数越大就说明该衡量指标的重要程度越高, 反之亦然.

(2) 与同源指标对应的系数称为同源权系数, 如 $\alpha_{11}, \alpha_{12}, \cdots, \alpha_{1m_1}$ 就表示一组同源指标 $MI_{11}, MI_{12}, \cdots, MI_{1m_1}$ 的权系数, 同源权系数之和为 1.

(3) 对于非满足不可的指标, 用 Λ 来表示, 对于其他衡量指标, 根据同源指标中各衡量指标的重要程度分别给权系数赋以 $[0,1]$ 的值.

权系数一旦被确定, 所要评价的对象的各个特征的重要程度便会确定. 评价者可以根据自己的需求改变权系数的值, 使得对象的评价结果更加符合评价者本身的需求.

6.4.2 多级优度评价方法的主要步骤

多级优度评价方法是一种从评价者需求的角度对评价对象进行优度评价的方法, 能够帮助评价者对评价对象作出更加合理的评价. 多级优度评价方法的主要步骤如下:

(1) **确定衡量指标**　利用上面介绍的衡量指标的划分依据, 建立衡量指标体系, 如图 6.4.1(a).

(2) **确定权系数**　依据上面介绍的权系数的设定原则, 对 (1) 中建立的衡量指标体系进行权系数的设定, 如图 6.4.1(b).

(3) **首次评价**　确定各衡量指标的权系数后, 首先利用非满足不可的指标对评价对象进行筛选, 除去不满足该指标的对象, 然后对已符合非满足不可的指标的对象进行下面的步骤.

(4) **建立各衡量指标的关联函数, 计算关联度**　根据不同的情况建立不同的关联函数, 计算出各待评对象关于各衡量条件的关联度.

(5) **计算规范关联度**　不同特征的量纲不同, 这也导致求出的关联度存在量纲差异, 缺乏统一性, 因此需要进行规范化处理. 各级规范关联度都是无量纲关联度, 计算方法如 6.1.3 小节所述. 可以求出各待评对象关于每一个衡量指标的规范关联度.

(6) **计算优度**　优度 $C(Z_j)$ 即是某待评对象符合要求的综合程度. 与多级衡量指标相对应, 优度也存在多级优度, 多级优度的下标与其对应的同级衡量指标的下标一致.

第 6 章 创意的评价选优——优度评价方法

案例分析

多级优度评价方法无论在生产还是生活等方面应用都非常广泛,下面以产品导购为例说明多级优度评价方法的应用.

产品导购是在市场产品多样化的条件下出现的,其目的就是帮助客户更好地选择产品,从而提高客户对产品的满意度和购买效率,达到商家和客户双赢的目的. 对市场上存在的产品导购形式进行分析,可以将现有的产品导购方式总结为两种:推销式导购和陈列式导购.

推销式导购主要以商场导购为主,这种导购方式实际上是从客户体验的角度去销售产品,其重点是提高客户在销售过程中的满意程度,从而获得利润. 但是,这种导购方式缺乏对产品和客户需求之间的系统性分析.

陈列式导购主要是以网络导购为主,如淘宝网. 这种导购方式在一定程度上是从方便交易、方便管理的角度进行产品交易的. 这种产品导购方式主要通过向客户提供较为完善的产品数据以及交易信息从而帮助客户进行选购. 但是该导购方式缺乏对这些数据的综合比较.

为了解决现有产品导购方法不能从客户需求的角度对不同产品进行综合性、定量性的优度评价的问题,本书利用多级优度评价方法,从客户需求的角度对不同产品进行定量化综合评价,从而给消费者提供更加真实可靠的选择依据.

现以某中等阶层消费者对国产手机产品的选购为例对多级优度评价在产品导购方面的应用进行案例研究,步骤如下.

1. **确定衡量指标**

手机的一级衡量指标可从下面几个方面考虑: 从经济方面考虑,可将价格作为评价特征; 从技术方面考虑,可将各种硬件参数作为评价特征; 从社会方面考虑,可将网上反馈信息作为评价特征; 从经济和技术结合的方面考虑,可以将性价比作为评价特征. 于是可从手机价格、各种硬件参数、性价比、网上反馈四个方面对手机进行综合评价,于是可以得到四个相应的一级衡量指标,即

$$MI = \{MI_1, MI_2, MI_3, MI_4\},$$

其中

$$MI_1 = (价格, \langle 700, 1500 \rangle 元)$$

$$MI_2 = (参数满意度, 可接受的范围)$$

$$MI_3 = (性价比, > 10)$$

$MI_4 = ($网上反馈, 满意$)$

由于手机的参数和网上反馈信息都有很多, 于是可以将 MI_2 和 MI_4 进一步细划分:

(1) 对一级指标 MI_2 进行细划分, 即: $MI_2 = \{MI_{21}, MI_{22}, MI_{23}, MI_{24}\}$, 得到相应的二级指标分别为

$$MI_{21} = (\text{CPU频率}, \langle 800, 2500 \rangle \text{MHz})$$

$$MI_{22} = (\text{运行内存空间}, \geqslant 1\text{G})$$

$$MI_{23} = (\text{电池容量}, \geqslant 1100\text{MAH})$$

$$MI_{24} = (\text{网络要求}, \text{支持移动3G})$$

(2) 对一级指标 MI_4 进行细划分, 即: $MI_4 = \{MI_{41}, MI_{42}\}$, 得到相应的二级指标为

$$MI_{41} = (\text{月交易量}, \geqslant 10000), \quad MI_{42} = (\text{好评率}, \geqslant 90\%)$$

于是可以得到关于手机评价的衡量指标体系, 如图 6.4.2(a) 所示.

$$MI \begin{cases} MI_1 \\ MI_2 \begin{cases} MI_{21} \\ MI_{22} \\ \vdots \\ MI_{24} \end{cases} \\ MI_3 \\ MI_4 \begin{cases} MI_{41} \\ MI_{42} \end{cases} \end{cases} \quad \alpha \begin{cases} (\text{价格})\alpha_1 = 0.3 \\ (\text{参数满意度})\alpha_2 = 0.3 \begin{cases} (\text{CPU频率})\alpha_{21} = 0.4 \\ (\text{运行内存空间})\alpha_{22} = 0.3 \\ (\text{电池容量})\alpha_{23} = 0.3 \\ (\text{网络要求})\alpha_{24} = \Lambda \end{cases} \\ (\text{性价比})\alpha_3 = 0.2 \\ (\text{网上反馈})\alpha_4 = 0.2 \begin{cases} (\text{月交易量})\alpha_{41} = 0.5 \\ (\text{好评率})\alpha_{42} = 0.5 \end{cases} \end{cases}$$

(a) (b)

图 6.4.2 案例中的衡量指标与相应的权系数

2. 确定权系数

权系数表示同源指标的相对重要程度. 产品导购的适用对象是不同层次的消费者, 其中大多数消费者都不知道如何利用科学的方法确定权系数. 为了使多级优度评价方法更加通俗易懂, 本案例采用根据消费者自身需求直接对权系数赋值的方法确定权系数, 从而保证多级优度评价方法在产品导购中应用的普适性和灵活性. 下面分别令各衡量指标的权系数如图 6.4.2(b) 所示. 可以看出权系数满足下面规律:

(i) MI_{24} 表示支持移动 3G, 是非满足不可的条件, 应该用该指标作首次评价, 因此不必给此指标赋予权重.

(ii) 给权系数赋值时满足同源权系数之和为 1. 如上述所赋权系数的值满足

$$\sum_{i=1}^{4} \alpha_i = 1, \quad \sum_{r_1=1}^{3} \alpha_{2r_1} = 1, \quad \sum_{r_2=1}^{2} \alpha_{4r_2} = 1$$

3. 首次评价

由上述权系数的确定可知, 待评两款国产手机 S_1 和 S_2 的非满足不可的条件是支持移动 3G, 而这两款手机都能够支持移动 3G, 可以继续用其他衡量指标进行评价.

4. 计算关联度和规范关联度

关联函数是用来帮助用户根据自己需求进行产品选购的. 因此对某个评价特征的可接受区间、满意区间、可接受区间和过渡区间的并区间是根据消费者需要或参考其他资料界定的. 则两种手机各个特征关联度的计算如下.

1) 计算关于价格的关联度和规范关联度

价格的衡量指标为: $MI_1 = (价格, \langle 700, 1500 \rangle 元)$.

我们知道, 太便宜的手机可能会存在质量上的缺陷, 而手机价格太高, 人们又难以接受. 设可接受的手机价格范围为 700 元到 1500 元, 比较满意的价格为 900 元到 1300 元, 最理想的价格是 1200 元. 价格在 500 元到 700 元范围内, 在厂家做活动或者自己对手机功能或质量要求不是太高的情况下, 也可以接受. 价格在 1500 到 2000 元范围内, 在手机性能非常好, 自己也能支付的起的情况下, 也可以变为可接受区间. 高于 2000 元和低于 500 元的区间视为不能被接受区间. 于是可以得到关联函数的三区间和最优点分别为:

最优点　　$x_{01} = 1200$;

满意区间　　$X_{01} = \langle a_{01}, b_{01} \rangle = \langle 900, 1300 \rangle$ 元;

正域　　$X_1 = \langle a_1, b_1 \rangle = \langle 700, 1500 \rangle$ 元;

增广区间　　$\hat{X}_1 = \langle c_1, d_1 \rangle = \langle 500, 2000 \rangle$ 元.

S_1, S_2 网上报价为分别为 1658 元和 998 元, 即 $x_{11} = 1658$ 元, $x_{12} = 998$ 元. 而且各个区间没有公共端点, 则可利用初等关联函数求得两款手机的关联度分别为

$$k_1(x_{11}) = \frac{\rho(x_{11}, x_{01}, X_1)}{D(x_{11}, x_{01}, X_1, \hat{X}_1)} = \frac{x_{11} - b_1}{(x_{11} \quad d_1) \quad (x_{11} \quad b_1)} = -0.316$$

$$k_1(x_{12}) = \frac{\rho(x_{12}, x_{01}, X_1)}{D(x_{12}, x_{01}, X_{10}, X_1)} = \frac{a_1 - x_{12}}{(a_1 - x_{12}) - (a_{01} - x_{12})} = 1.49$$

将关联度规范化, 可得规范关联度分别为

$$K_1(x_{11}) = \frac{k_1(x_{11})}{|k_1(x_{12})|} = \frac{-0.316}{|1.49|} = -0.212$$

$$K_1(x_{12}) = \frac{k_1(x_{12})}{|k_1(x_{12})|} = \frac{1.49}{|1.49|} = 1$$

2) 计算手机参数的关联度和规范关联度

手机参数的衡量指标为: $MI_2 = \{MI_{21}, MI_{22}, MI_{23}, MI_{24}\}$, 根据二级指标分别进行关联度计算.

(1) CPU 指标: $MI_{21} = ($CPU 频率, $\langle 800, 2500 \rangle$MHz$)$

CPU 频率过高会产生很多的热量, 而且很耗电, 对手机其他方面的性能影响比较大, 所以要把 CPU 频率定在合适的范围内, 同价格指标分析一样, 可以采用初等关联函数, 确定三个区间如下:

最优点 $x_{021} = 2000$MHz;

满意区间 $X_{021} = \langle a_{021}, b_{021} \rangle = \langle 1000, 2500 \rangle$MHz;

正域 $X_{21} = \langle a_{21}, b_{21} \rangle = \langle 800, 3000 \rangle$MHz;

增广区间 $\hat{X}_{21} = \langle c_{21}, d_{21} \rangle = \langle 400, 3500 \rangle$MHz.

参考手机参数知, S_1 和 S_2 的 CPU 频率分别为

$$x_{211} = 1700 \text{MHz}, \quad x_{212} = 1300 \text{MHz}$$

利用初等关联函数计算其关于 CPU 频率的关联度为

$$k_{21}(x_{211}) = \frac{\rho(x_{211}, x_{021}, X_{21})}{D(x_{211}, x_{021}, X_{021}, X_{21})} = 4.5$$

$$k_{21}(x_{212}) = \frac{\rho(x_{212}, x_{021}, X_{21})}{D(x_{212}, x_{021}, X_{021}, X_{21})} = 2.5$$

将关联度规范化, 可得规范关联度分别为

$$K_{21}(x_{211}) = \frac{k_{21}(x_{211})}{|k_{21}(x_{211})|} = \frac{4.5}{|4.5|} = 1$$

$$K_{21}(x_{212}) = \frac{k_{21}(x_{212})}{|k_{21}(x_{211})|} = \frac{2.5}{|4.5|} = 0.556$$

(2) 运行内存指标: $MI_{22} = ($运行内存空间, $\geqslant 1$G$)$.

运行内存是一群离散的点, 故要利用离散型关联函数进行计算. 运行内存越大越好, 且大于 1G 时才能接受, 即等于 1G 时关联度为 0. 查资料可知两种手机运行

内存相等, 都是 2G. 取离散关联函数为

$$k_{22}(x_{22}) = \begin{cases} 1, & x_{22} > 1\text{G} \\ 0, & x_{22} = 1\text{G} \\ -1, & x_{22} < 1\text{G} \end{cases}$$

故可得规范关联度分别为

$$K_{22}(x_{221}) = K_{22}(x_{222}) = k_{22}(x_{221}) = k_{22}(x_{222}) = 1$$

(3) 电池容量指标: $MI_{23} = $ (电池容量, $\geqslant 1100\text{MAH}$), S_1, S_2 电的电池容量分别为

$$x_{231} = 3050\text{MAH}, \quad x_{232} = 2300\text{MAH}$$

可利用简单关联函数求得 S_1, S_2 的关联度分别为

$$k_{23}(x_{231}) = x_{231} - 1100 = 3050 - 1100 = 1950$$
$$k_{23}(x_{232}) = x_{232} - 1100 = 2300 - 1100 = 1200$$

将关联度规范化, 可得规范关联度分别为

$$K_{23}(x_{231}) = \frac{k_{23}(x_{231})}{|k_{23}(x_{231})|} = \frac{1950}{|1950|} = 1$$

$$K_{23}(x_{232}) = \frac{k_{23}(x_{232})}{|k_{23}(x_{231})|} = \frac{1200}{|1950|} = 0.615$$

3) 计算性价比指标的关联度和规范关联度

性价比指标为: $MI_3 = $ (性价比, > 10). 性价比的计算方式直接用安兔兔软件测试的性能分数和价格的比值表示, 且越大越好, 可选择简单关联函数.

S_1, S_2 的性能分数和价格分别为

$$m_{31} = 35100 \text{分}, \quad m_{32} = 17100 \text{分}$$

$$m'_{31} = 1658 \text{元}, \quad m'_{32} = 998 \text{元}$$

计算出 S_1, S_2 的性价比分别为

$$x_{31} = \frac{m_{31}}{m'_{31}} = \frac{35100}{1658} = 21.170$$

$$x_{32} = \frac{m_{32}}{m'_{32}} = \frac{17100}{998} = 17.134$$

可得 S_1, S_2 关联度分别为

$$k_3(x_{31}) = x_{31} - 10 = 21.170 - 10 = 11.170$$

$$k_3(x_{32}) = x_{32} - 10 = 17.134 - 10 = 7.134$$

将关联度规范化，可得规范关联度分别为

$$K_3(x_{31}) = \frac{k_3(x_{31})}{|k_3(x_{31})|} = \frac{11.170}{|11.170|} = 1$$

$$K_3(x_{32}) = \frac{k_3(x_{32})}{|k_3(x_{31})|} = \frac{7.134}{|11.170|} = 0.639$$

4) 计算网上反馈指标的关联度和规范关联度

网上反馈的指标为：$MI_4 = \{MI_{41}, MI_{42}\}$. 其中 $MI_{41} = $ (月交易量, $\geqslant 10000$), $MI_{42} = $ (好评率, $\geqslant 90\%$).

S_1, S_2 的月交易量分别为：$x_{411} = 44000, x_{412} = 3525$. 月交易量越高越好，利用简单关联函数可求得 S_1, S_2 的关联度分别为

$$k_{41}(x_{411}) = x_{411} - 10000 = 44000 - 10000 = 34000$$

$$k_{41}(x_{412}) = x_{412} - 10000 = 3525 - 10000 = -6475$$

将关联度规范化，可得规范关联度分别为

$$K_{41}(x_{411}) = \frac{k_{41}(x_{411})}{|k_{41}(x_{411})|} = \frac{34000}{|34000|} = 1$$

$$K_{41}(x_{412}) = \frac{k_{41}(x_{412})}{|k_{41}(x_{411})|} = \frac{-6475}{|34000|} = -0.190$$

S_1 和 S_2 的好评率分别为 94% 和 85%，可利用简单关联函数求得 S_1 和 S_2 的关联度为

$$k_{42}(x_{421}) = x_{421} - 90\% = 0.04, \quad k_{42}(x_{422}) = x_{422} - 90\% = -0.05$$

进而可得规范关联度为

$$K_{42}(x_{421}) = \frac{0.04}{|-0.05|} = 0.8, \quad K_{42}(x_{422}) = -1$$

5. 计算优度

前面提到优度的计算方式有三种，可根据具体情况分别选取不同的计算方式，本案例采用综合关联度加权求和的方式计算优度，用 $C(S)$ 表示对象 S 的优度.

(1) 衡量指标 MI_1 没有二级指标，故

$$K_1(S_1) = K_1(x_{11}) = -0.212, \quad K_1(S_2) = K_1(x_{12}) = 1$$

(2) 由于一级指标 MI_2 分解成二级指标如下：

$$MI_2 = \{MI_{21}, MI_{22}, MI_{23}, MI_{24}\}$$

且 MI_{24} 是非满足不可的指标，则计算可得评价对象关于衡量指标 MI_2 的综合关联度为

$$K_2(S_1) = \sum_{r_1=1}^{3} K_{2r_1}(x_{2r_11}) \cdot \alpha_{2r_1} = 1$$

$$K_2(S_2) = \sum_{r_1=1}^{3} K_{2r_1}(x_{2r_12}) \cdot \alpha_{2r_1} = 0.7069$$

(3) 衡量指标 MI_3 没有二级指标，故

$$K_3(S_1) = K_3(x_{31}) = 1, \quad K_3(S_2) = K_3(x_{32}) = 0.639$$

(4) 衡量指标 MI_4 的二级指标为 $MI_4 = \{MI_{41}, MI_{42}\}$，则评价对象关于 MI_4 的综合关联度为

$$K_4(S_1) = \sum_{r_4=1}^{2} K_{4r_4}(x_{4r_41})\alpha_{4r_4} = 1 \times 0.5 + 0.8 \times 0.5 = 0.9$$

$$K_4(S_2) = \sum_{r_4=1}^{2} K_{4r_4}(x_{4r_42})\alpha_{4r_4} = (-0.19) \times 0.5 + (-1) \times 0.5 = -0.595$$

然后再利用加权求和的方法求出手机 S_1 和 S_2 的优度分别为

$$C(S_1) = \sum_{i=1}^{4} K_i(S_1) \cdot \alpha_i = 0.6164$$

$$C(S_2) = \sum_{i=1}^{4} K_i(S_2) \cdot \alpha_i = 0.5209$$

由上面计算结果可知，手机 S_1 的综合优度比手机 S_2 高。如果按照案例中的权系数，则选择购买手机 S_1 更合适。当然，顾客在选购手机时，还可以根据自己不同的需要，更改权系数，计算出更符合个性化要求的优度。

6.4.3 利用优度评价法进行评价必须注意的问题

优度评价方法是目前评价中应用较多的一种方法,都是应用关联函数来确定待评对象(基元)关于某衡量指标符合要求的程度. 针对衡量指标的实际要求,可选择简单关联函数、初等关联函数、离散关联函数等. 当然也可以根据实际问题构造其他关联函数,但必须符合关联函数的构造规范.

对多个衡量指标的情况,还要根据实际问题的要求计算各待评对象的综合优度,以判别待评对象的优劣或等级. 其中权系数的确定方法也有很多,需要根据具体问题选择合适的方法.

在应用优度评价法时应注意如下问题:

(1) 关联函数的选择一定要恰当,否则会影响评价结果.

(2) 在待评对象关于某衡量指标的取值范围为区间套时,有些区间套是确定的,而有些是动态变化的. 如果考虑了区间端点可变和区间内可分层次变化的动态评价,将会更有助于此类问题的研究.

思考与练习

1. 以"外语水平""组织能力""语言表达能力""身高""形象"作为衡量指标,利用优度评价法,模拟企业招聘要求,对所有应聘者进行综合优度评价.

2. 如果你要在某城市租房,请首先建立一级评价指标体系,然后利用一级优度评价方法对拟租的房子进行综合优度评价.

3. 如果你要在某城市购买商品房,请首先建立多级评价指标体系,然后利用多级优度评价方法对拟购买的房子进行综合优度评价.

第 7 章 解决矛盾问题的可拓创意生成方法

内容提要

可拓集是以变化的分类和矛盾问题的定量化判定等实际问题为背景提出并逐步发展起来的一个集合概念．它是形式化定量化描述矛盾问题及其转化过程的工具，也是判定变换前后问题矛盾程度和转化程度的集合论依据．依据可拓集，可以研究变化的分类、聚类、识别、控制等问题．

可拓创意生成方法是以可拓学的基本思想为基础，模仿人类的思维模式，用形式化定量化方法生成解决矛盾问题的创意的方法．它通过建立问题的可拓模型，利用关联函数计算问题的相容度以判断问题的相容的程度，再对问题进行拓展分析、共轭分析和可拓变换，并通过评价选优，从而得到解决问题的较优可拓创意的方法．

本章首先介绍可拓集的基本知识，然后介绍解决矛盾问题的可拓创意生成方法．

7.1 预备知识

问题与思考

◆ 变化的分类问题：

检验某企业加工的某种工件是否合格，按康托尔集的分类方法，可根据"直径"划分为合格品和不合格品．但实际上，在不合格品中，如果采取"重新加工"的方法，那些大于合格直径的工件就是"可返工品"，其余的才是废品；如果采取"电镀"的方法，那些小于合格直径的工件就是"可返工品"，其余的才是废品．

由此可见，"可返工品"是一类特殊的基于变换的不合格品．

◆ 如何将不合格品变为合格品？——就是要找到解决问题的方法，即变换.

◆ 如何定量化衡量不合格品变为合格品的程度？——就是要建立工件关于"直径"这个特征符合要求的程度的函数.

◆ 这类问题属于变化的分类，用康托尔集（确定性分类）或模糊集（模糊性分类）都是无法描述的. 如何描述？

7.1.1 三类集合的比较

集合是人脑思维对事物分类和识别的依据.

康托尔集 把研究对象的全体划分为具有性质 p 或不具有性质 p 两类. 用取值为 $\{0,1\}$ 的特征函数定量化表示某对象不具有性质 p 或具有性质 p.

模糊集 把研究对象的全体按照具有性质 p 的程度进行分类，用取值于 $[0,1]$ 的隶属函数定量化表示某对象具有性质 p 的程度.

可拓集 把研究对象的全体按照具有性质 p、不具有性质 p、既具有性质 p 又不具有性质 p 的程度进行分类，用取值于 $(-\infty, +\infty)$ 的关联函数定量化表示某对象具有性质 p 的程度. 而且可以表示某对象通过变换变为具有性质 p 或不具有性质 p.

可拓集是可拓学中用于描述事物可变性、对事物进行动态分类的定量化工具，它是可拓学用于解决矛盾问题、形式化描述量变和质变的基础.

三类集合的图示比较如图 7.1.1 所示.

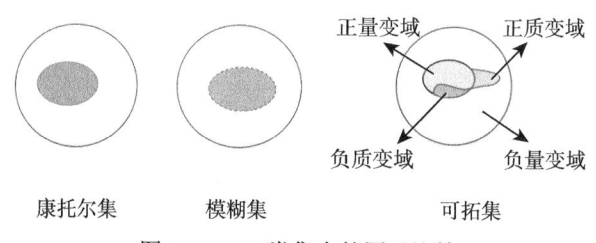

图 7.1.1　三类集合的图示比较

7.1.2 可拓集的定义

为了通俗介绍可拓集的定义及作用，先以公司招聘职工为例，提出问题，然后给出可拓集的定义，并用于解决问题.

问题 1 对全体应聘者而言，如何用集合形式化定量化描述满足招聘条件的人员的全体、不满足招聘条件的人员的全体和既满足条件又不满足条件的人的全体？

第 7 章 解决矛盾问题的可拓创意生成方法

问题 2 可否将不满足招聘条件的人员变为满足招聘条件的人员？可否将满足招聘条件的人员变为不满足招聘条件的人员？如何用集合形式化定量化描述？—— 质变.

问题 3 是否有些应聘者在变换前后都满足招聘条件？是否有些应聘者在变换前后都不满足招聘条件？如何用集合形式化定量化描述？—— 量变.

问题 4 是否有些应聘者在变换后处于既满足条件又不满足条件的状态？

问题 5 哪些类型的变换可以实现量变或质变？

为了解决上述问题, 建立了如下可拓集的定义.

定义 7.1.1 设论域 U 为某公司招工时应聘者的全体, $u \in U$ 为任一应聘者, $y = k(u)$ 表示应聘者 u 符合招聘条件的程度, k 为某个关联准则, 则论域 U 的可拓集为

$$\tilde{E}(T) = \{(u, y, y')|u \in U, y = k(u) \in \Re : T_U u \in T_U U, y' = T_k k(T_u u) \in \Re\}$$

其中 $T = (T_U, T_k, T_u)$ 为实施的某一变换, $\Re$ 为实数域.

下面用可拓集来解决上面提出的问题:

(1) 在不实施变换 T 时, 应聘者中所有符合招聘条件的人员的全体记为

$$E_+ = \{(u,y)|u \in U, y = k(u) > 0\}$$

称为 $\tilde{E}$ 的正域. 而应聘者中所有不满足招聘条件的人员的全体记为

$$E_- = \{(u,y)|u \in U, y = k(u) < 0\}$$

称为 $\tilde{E}$ 的负域.

应聘者中既满足条件, 又不满足条件的人的全体, 如已经考到某一证书, 但证书还未颁发下来的人员的全体记为

$$E_0 = \{(u,y)|u \in U, y = k(u) = 0\}$$

称为 $\tilde{E}$ 的零界.

利用上述 3 个集合, 解决了问题 1 的形式化定量化描述.

(2) 假设招聘条件中对电脑操作水平有一定的要求. 当论域 U 和关联准则 k 都不变时, 变换 T_u 为应聘者突击培训电脑操作一周, 部分应聘者培训后提高了自己的计算机水平, 则原来不合格但突击培训后变为合格的应聘者的全体记为

$$\dot{E}_+(T_u) = \{(u, y, y')|u \in U, y = k(u) \leqslant 0; T_u u \in U, y' = k(T_u u) > 0\}$$

称为 $\tilde{E}(T)$ 的正可拓域或称正质变域. 由于这些人变为受聘者, 但招聘岗位数有限, 会使原来部分合格者因电脑操作水平比他们低而被淘汰, 这部分人的全体记为

$$E_-(T_u) = \{(u, y, y')|u \in U, y = k(u) \geqslant 0; T_u u \in U, y' = k(T_u u) < 0\}$$

这表示原来合格, 但后来又被淘汰的应聘者的全体, 称为 $\tilde{E}(T)$ 的负可拓域或称负质变域.

利用上述 2 个集合, 解决了问题 2 的形式化定量化描述.

(3) 在 (2) 中, 原来合格, 经变换 T_u 后仍然合格的应聘者的全体记为

$$E_+(T_u) = \{(u, y, y')|u \in U, y = k(u) > 0; T_u u \in U, y' = k(T_u u) > 0\}$$

称为 $\tilde{E}(T)$ 的正稳定域或称正量变域. 原来不合格, 经变换 T_u 后仍然不合格的应聘者的全体记为

$$E_-(T_u) = \{(u, y, y')|u \in U, y = k(u) < 0; T_u u \in U, y' = k(T_u u) < 0\}$$

称为 $\tilde{E}(T)$ 的负稳定域或称负量变域.

利用上述 2 个集合, 解决了问题 3 的形式化定量化描述.

(4) 在 (2) 中, 不论原来是否合格, 经变换 T_u 后处于既合格又不合格的状态的应聘者的全体记为

$$E_0(T_u) = \{(u, y, y')|u \in U, T_u u \in U, y' = k(T_u u) = 0\}$$

称为 $\tilde{E}(T)$ 的拓界.

利用上述集合, 解决了问题 4 的形式化定量化描述.

上面的变换都是对论域中的元素, 即应聘者 u 实施变换导致发生量变质变的情况. 根据可拓集的定义, 论域 U 和关联准则 k 也是可以变的, 通过它们的变换, 也可以导致应聘者满足要求的情况产生变化.

(5) 若论域和论域中的人员都不变, 变换 T_k 为对关联准则 k 的变换, 则可拓集为

$$\tilde{E}(T_k) = \{(u, y, y')|u \in U, y = k(u) \in \Re, y' = T_k k(u) \in \Re\}$$

设 T_k 为改变某些招聘条件, 如降低对学历的要求, 增强对语言表达能力的要求, 则正可拓域 $E_+(T_k)$ 表示原来不合格, 但变换招聘条件后变为合格的应聘者的全体, 负可拓域 $E_-(T_k)$ 表示原来合格, 但变换招聘条件后变为不合格的应聘者的全体, 正稳定域 $E_+(T_k)$ 表示原来合格, 经变换后仍然合格的应聘者的全体, 负稳定域 $E_-(T_k)$ 表示原来不合格, 经变换后仍然不合格的应聘者的全体.

(6) 若变换 T_U 为对论域 U 的变换, 则可拓集为

第 7 章 解决矛盾问题的可拓创意生成方法

$$\tilde{E}(T_U) = \{(u,\ y,\ y')|u\in U,\ y=k(u)\in\Re;\ u\in T_UU,\ y'=k'(u)\in\Re\}$$

其中
$$k'(u) = \begin{cases} k(u), & u \in U\cap T_UU \\ k_1(u), & u \in T_UU - U \end{cases}$$

即当应聘者属于新论域 T_UU 与原论域 U 的交集时, 招聘条件不变; 当应聘者在原论域 U 之外时, 要重新规定招聘条件, 当然此时的招聘条件也可与原来一样, 也可不一样. 即 $k_1(u)$ 也可等于 $k(u)$, 也可不等于 $k(u)$.

设 T_U 为扩大招聘区域, 其他招聘条件不变, 如原来只是在北京招聘, 即论域 $U = \{$北京地区的所有适龄人员$\}$, 现在扩大到在全国招聘, 即 $T_UU = \{$全国的所有适龄人员$\}$, 则正可拓域 $E_+(T_U)$ 表示北京市外的应聘者, 经变换后变为合格的应聘者的全体, 负可拓域 $E_-(T_U)$ 表示北京市内原来合格的应聘者, 由于市外人员的加入而变为不合格的应聘者的全体, 正稳定域 $E_+(T_U)$ 表示原来合格, 经变换后仍然合格的应聘者的全体, 负稳定域 $E_-(T_U)$ 表示原来不合格, 经变换后仍然不合格的应聘者的全体.

特别地, 当 $T_u = e$, $T_k = e$ 且 $T_UU \subset U$ 时, $T_kk = k$, $T_uu = u$, $y' = k(u) = y$

$$\tilde{E}(T) = \tilde{E}(T_U) = \{(u,\ y)\ |\ u \in T_UU,\ y = k(u) \in \Re\}$$

由此可见, 可拓集可以形式化定量化地表达研究对象性质的转化, 利用它可以对研究对象进行可变分类.

由上可解决问题 5: 可以通过论域中元素的变换、关联准则的变换或论域的变换实现量变或质变.

关于论域中的对象 u 变换的可拓集对论域的划分如图 7.1.2 所示.

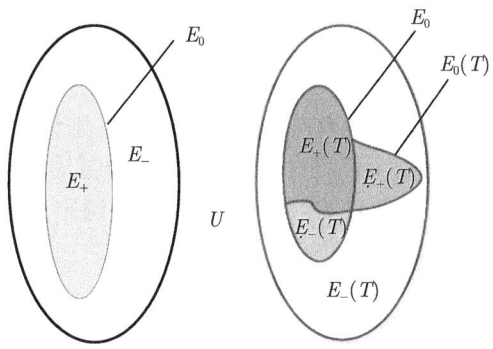

图 7.1.2 关于论域中的对象 u 变换的可拓集对论域的划分

由上述定义可见, 可拓集描述了事物 "是" 与 "非" 的相互转化, 它既可用来描述量变的过程 (稳定域), 又可用来描述质变的过程 (可拓域). 零界或拓界是质变的边界, 超过它们, 事物就产生质变.

可拓集的核心概念是可拓域 (质变域). 可拓域有正可拓域和负可拓域之分. 不同的变换对应不同的可拓域. 可拓域中的元素, 经过变换产生了质变. 可拓域的提出, 使人们把矛盾问题转化为不矛盾问题具有合理的理论基础.

7.1.3 基元可拓集

基元可拓集是基元理论和可拓集理论的结合部. 在基元可拓集中, 论域中的元素可以是物元、事元或关系元, 基元具有内部结构, 基元三要素的变换使它在可拓集中的位置产生改变, 因而, 基元可拓集可作为描述事物可变性的定量化工具.

当某问题需要对论域中的元素 (基元) 用多个评价特征进行评价时, 需要建立多评价特征基元可拓集, 它是多指标综合评价 (优度评价) 和多特征不相容问题求解的理论依据.

定义 7.1.2 对基元集 $S = \{B\}$, 设 $c_0 = (c_{01}, c_{02}, \cdots, c_{0m})$ 为 B 的 m 个评价特征, B 关于 c_0 的量值为

$$c_0(B) = (c_{01}(B), c_{02}(B), \cdots, c_{0m}(B)) \triangleq (x_1, x_2, \cdots, x_m)$$

$V(c_{0i})$ 为 x_i 的量值域, X_{0i} 为正域, $X_{0i} \subset V(c_{0i})$, 建立多元关联函数

$$Y = K(B) = K(x_1, x_2, \cdots, x_m)$$

称

$$\tilde{E}(B)(T) = \{(B, Y, Y') | B \in S, Y = K(B) \in \Re; T_B B \in T_S S, Y' = T_K K(T_B B) \in \Re\}$$

为 S 上的多评价特征基元可拓集.

多评价特征基元可拓集与单评价特征基元可拓集类似, 当 $T = e$ 时, 根据多元关联函数的不同取值范围, 可以把可拓集划分为正域、负域和零界; 当 $T \neq e$ 时, 根据多元关联函数的不同取值范围和变换后的不同取值范围, 可以把可拓集划分为正质变域、负质变域、正量变域、负量变域和拓界, 此不详述.

在多评价特征基元可拓集中, 对论域 S 中的每一基元 $B_j (j = 1, 2, \cdots, n)$, 若 $K(B_j) > 0$, 则认为基元 B_j 符合要求; 若 $K(B_j) < 0$, 则认为基元 B_j 不符合要求; 若 $K(B_j) = 0$, 则认为 B_j 处于零界, 此时需要具体问题具体分析, 因为有些实际问题需要把零界元素作为符合要求的, 而另一些实际问题则不然.

若存在基元 B_0, 满足

$$K(B_0) = \max_{1 \leqslant j \leqslant n} \{K(B_j), B_j \in S\}$$

则表示 B_0 的综合关联度最大, 即优度 (符合综合要求的程度) 最高, 可为处理矛盾问题提供定量的依据.

在实际应用中, 多元关联函数往往难以建立, 但基元 B 关于各评价特征的一元关联函数较容易建立。为此, 根据实际问题的不同要求, 构建了多种综合关联函数, 用综合关联度衡量待评价基元关于多评价特征符合要求的综合程度.

若基元 B 关于各评价特征的关联函数为 $k_i(x_i)$, $i=1,2,\cdots,m$, 记

$$k(c_0(B)) = (k_1(c_{01}(B)), k_2(c_{02}(B)), \cdots, k_m(c_{0m}(B))) = (k_1(x_1), k_2(x_2), \cdots, k_m(x_m))$$

为 B 的评价向量.

设某问题中有 n 个待评基元 B_j, 则可计算出各待评基元的关联度为 $k_i(x_{ij})$, 分别对其进行归一化处理, 可得到规范关联度为

$$K_i(x_{ij}) = \frac{k_i(x_{ij})}{\max\limits_{j \in \{1,2,\cdots,n\}} \{k_i(x_{ij})\}}$$

常用的综合关联度有如下几种:

(1) 若各评价特征的权重系数为 $\alpha_1, \alpha_2, \cdots, \alpha_m$, 且满足 $\sum\limits_{i=1}^{m}\alpha_i = 1$, 则待评基元 B_j 的综合关联度为

$$K(B_j) = \sum_{i=1}^{m} \alpha_i K_i(x_{ij}), j=1,2,\cdots,n$$

(2) 若要求每一评价特征都必须符合要求才认为待评基元 B_j 符合要求, 则 B_j 的综合关联度为

$$K(B_j) = \bigwedge_{i=1}^{m} K_i(x_{ij})$$

其中 $\bigwedge\limits_{i=1}^{m}$ 表示取 m 个值中的最小者.

(3) 若要求至少一个评价特征符合要求就认为待评基元 B_j 符合要求, 则 B_j 的综合关联度为

$$K(B_j) = \bigvee_{i=1}^{m} K_i(x_{ij})$$

其中 $\bigvee\limits_{i=1}^{m}$ 表示取 m 个值中的最大者.

(4) 若指定某特征 c_{0i_0} 的量值范围为非满足不可的条件, 则首先用此特征对所有基元进行筛选, 对满足该条件的基元, 再利用其余评价特征计算综合关联度.

案例分析

某学校要对其所有的学生进行分类管理, 原有的分类方法是按学院、专业、学历、年龄等进行分类. 由于现代社会发展的新特点, 各学院间、各专业间的联系日益密切, 因此, 对学生的分类管理也要考虑其可变性. 下面利用基元可拓集, 给出几种学生的可拓分类方法.

假设该学校的全体学生形成的论域为 U. 对论域 U 中的任一学生, 可以用物元 M 形式化表示为

$$M = \begin{bmatrix} O, & 学院, & v_1 \\ & 专业, & v_2 \\ & 学位类别, & v_3 \\ & 特长, & v_4 \\ & 年龄, & v_5 \\ & 专业能力, & v_6 \end{bmatrix}$$

且 $M \in U$.

设学校要组织学生在业余时间开展一个新项目的研发, 要求学生的某种专业能力符合该项目要求的程度为 $y = k(M)$, 则可建立如下物元可拓集

$$\tilde{E}(T) = \{(M, y, y') | M \in U, y = k(M) \in \Re; T_M M \in T_U U, y' = T_k k(T_M M) \in \Re\}$$

(1) 当不实施任何变换, 即 $T = (T_k, T_M, T_U) = (e, e, e)$ 时, 可以把学生分为三类:

$E_- = \{M | M \in U, k(M) < 0\}$ 表示专业能力不符合该项目要求的所有学生;

$E_+ = \{M | M \in U, k(M) > 0\}$ 表示专业能力符合该项目要求的所有学生;

$E_0 = \{M | M \in U, k(M) = 0\}$ 表示专业能力处于临界状态的所有学生, 即既符合要求又不符合要求的学生.

通过上述分类后, 发现符合要求的学生的全体还不足以完成开发该项目的任务, 因此, 必须对不符合要求的学生进行培训, 即重新进行变换下的分类, 以组成新的开发团队.

(2) 假设论域 U 和关联准则 k 不变, 即 $T_U U = U, T_k k = k$, 对不符合要求的学生进行相应的技术培训, 即作变换:

$$T_M M = \begin{bmatrix} O, & 学院, & v_1 \\ & 专业, & v_2 \\ & 学位类别, & v_3 \\ & 特长, & v_4 \\ & 年龄, & v_5 \\ & 专业能力, & v_6' \end{bmatrix} = M'$$

培训后进行考试以确定学生符合要求的程度, 即根据 $y' = k(T_M M)$ 的值, 可把该校的学生分为四类:

$E_+ = \{M | M \in U, k(M) > 0\}$, 表示原来就符合要求的学生的全体;

$\dot{E}_+(T) = \{M | M \in U, y = k(M) \leqslant 0; T_M M \in U, y' = k(T_M M) > 0\}$, 表示原来不符合要求或处于临界的学生, 经过培训变为符合要求的学生的全体;

$\dot{E}_-(T) = \{M | M \in U, y = k(M) < 0; T_M M \in U, y' = k(T_M M) < 0\}$, 表示原来不符合要求, 经过培训仍然不符合要求的学生的全体;

$E_0(T) = \{M \mid M \in U, T_M M \in U, y' = k(T_M M) = 0\}$, 表示不论原来是否符合要求, 经过培训后处于拓界的学生的全体.

在上述变换 T_M 下, 符合要求的学生的全体变为: $E_+ \cup E_+(T)$, 如果这些学生已足以完成开发该项目的任务, 则分类结束. 如果学生数多于要求的学生数, 则需要对符合要求的所有学生, 按其关联函数值的大小排序确定人选.

(3) 如果进行上述分类后仍不能满足项目的人员要求, 则还可以考虑进行关联准则的变换, 即作 $T_k k = k'$, 如降低对该专业能力的要求, 增加对学习能力的要求, 让目前不具有该能力的学生进入团队后, 通过快速学习胜任工作.

(4) 如果进行上述分类后仍不能满足项目的人员要求, 则还可以考虑进行论域的变换, 即作 $T_U U = U'$, 如招聘一部分其他大学的具有该专业能力的学生, 这样也会使分类发生变化, 产生新的团队组合. 此略.

7.2 问题的界定方法及问题的可拓模型

问题 1 在三国时期, 有人送给曹操一头大象, 曹操想知道大象的重量, 但当时的秤最大称量为 200kg, 如何称出大象的重量? 曹冲称象故事中的解决策略是不是最好的? 如何建立此问题的模型? 如何获得解决此问题的创意?

问题 2 香港的汽车靠左行驶, 深圳的汽车靠右行驶, 如何把它们连接起来, 又不需要改变交通规则? 如何建立此问题的模型? 如何获得解决此问题的创意?

◆ 这些都是在现有的条件下一个或多个目标不能实现的问题, 称为矛盾问题. 矛盾问题的解决有无规律可循? 有无方法可依?

◆ 这些问题用数学模型是无法表达的, 可否建立一种形式化定量化描述矛盾问题的模型?

7.2.1 问题的界定方法

当我们遇到矛盾问题需要解决时, 必须首先恰当地界定矛盾问题. 准确地界定问题, 是解决问题的基础. 要界定问题, 首先要界定问题的目的和条件. 而要界定目的，首先必须把目的具体化为目标，即将目的以一定的方式标识．目标具体化和数量化，可增加达到目的的可能性．

1. 界定目标

目标是行动的依据．目标产生信念，清晰的目标产生坚定的信念，目标模糊就难以成功．清楚而准确地设定目标，是解决某个问题、取得某种效果的必要前提，也是评价决策方案、评估实施结果的基本依据．因此，目标明确化，也更容易对结果做出评价．

目标的设定，是决定能否有效发现解决问题的线索和创意的关键．目标也可作为选择实现性高、效率好的方案的决定指标．必须把目标形式化和数字化，才能真正明确目标，恰当地建立问题模型．如果目标只是抽象性的，那么就很难明确该以什么程度的要素、工具、人员来组合，以完成目标．

在确定目标时，目标往往不止一个．这时，要利用第 3 章介绍的蕴含系方法，对目标进行蕴含分析，以确定目标的层次性，对同一层次的目标，也要确定各目标的优先顺序．若最上位目标为 g，则目标蕴含系为

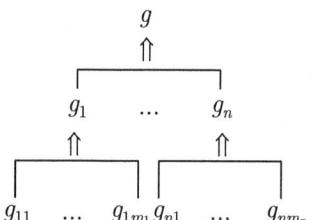

实现目标要从低级向高级一步一步前进，而设定目标，则是从高级向低级一层层分解．所有的目标构成了一个目标蕴含系．下位目标的实现蕴含着上位目标的实现，而同一层次的目标之间也可能会有一定的相关性．

如果最上位目标只有一个，则称为单目标问题；如果最上位目标有多个，则称为多目标问题．多目标问题的蕴含系如下：

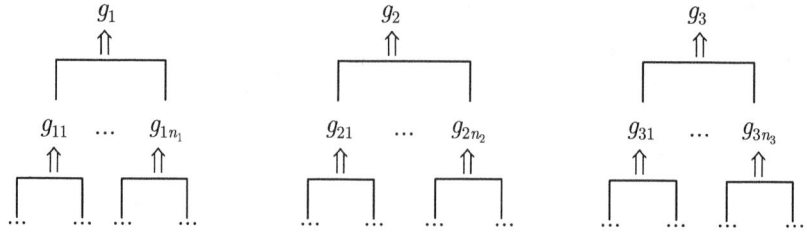

由于目标有单目标与多目标、阶段目标与长期目标、局部目标与全局目标之分，因此，在解决问题之初，一定要首先搞清楚目标及目标间的关系．

2. 界定条件

目标界定以后,就要对条件进行分析与界定. 条件包括资源条件和环境条件. 资源条件包括内部资源和外部资源, 环境条件又包括内部环境和外部环境. 条件大多是客观存在的, 但也是可以创造, 可以变换的. 在众多条件中, 有些是对实现目标有利的, 有些是对目标不利的; 有些是与目标相容的, 有些是与目标矛盾的; 有些条件是非限制条件, 有些条件是限制条件. 对所有的条件, 都必须进行明确的界定.

界定条件的步骤:

(1) 收集与目标相关的资料.
(2) 分析实现目标所需的条件 $l_i(i = 1, 2, \cdots, n)$.
(3) 整理与 l_i 相关的资料, 并确定与 l_i 对应的现实条件 l_i'.
(4) 分析 l_i' 与 l_i 的差别, 以确定 l_i' 是限制条件还是非限制条件.
(5) 将 l_i' 用基元形式化表示, 以界定条件所涉及的事物、动作及相应的特征和量值.
(6) 选择与目标密切相关的主要有利条件和主要限制条件.

界定条件的重要一步是把条件用基元形式化表示, 这样可以使条件尽量数字化, 以便于以后的问题分析和充分利用条件、拓展条件来实现目标.

由于客观存在或人为给出的条件的有限性, 人们要实现目标时受到相应的限制. 在确定限制条件时, 一定要注意明确限制的性质: 是弹性限制还是刚性限制; 是隐性限制还是显性限制; 是不确定性限制还是确定性限制. 只有正确确定了限制的性质, 才有利于对条件的分析.

3. 界定问题

恰当地界定问题, 把问题简单化、明确化、形式化, 并找到要解决的关键问题, 就等于解决了问题的一半. 问题是由目标和条件构成的, 在界定了目标和条件之后, 即可将问题的目标和条件用基元或复合元形式化表示.

通常我们较多考虑的是目标与条件的矛盾, 即不相容问题. 此时, 对同一主体的多个目标之间一般不能有矛盾. 如果在同一条件下要同时考虑两个主体的不同目标, 或同一主体的两个目标, 若目标间产生矛盾, 则属于对立问题.

如果是单目标 G 与条件 L 形成的问题, 则记做 $P = G * L$. 这样问题就界定完毕, 下一步就是判断问题是否是矛盾问题.

如果是多目标多条件问题, 则需要将所有目标与条件、目标与目标之间的关系、条件与条件之间的关系全部用基元或复合元表示出来, 然后进入下一步问题模型的建立.

7.2.2 问题的可拓模型

任何问题都是由目标和条件构成的, 而目标和条件又都可以用基元或复合元形式化表达, 因此, 任何问题都可以用基元或复合元形式化表达.

现有的条件下,目标不能实现的问题,称为矛盾问题;否则称为非矛盾问题.我们特别关注的是矛盾问题如何化解,而要想化解矛盾问题,必须首先明确目标和条件,清楚地界定问题,下一步就是建立问题模型,以便更清晰地、定性与定量相结合地分析和解决矛盾问题.

下面根据问题的目标的不同,分别介绍问题的可拓模型的建立方法.

1. 单目标问题的可拓模型

设问题 P 的目标为 G,条件为 L(可以是一个条件,也可以是多个条件),且他们都可用基元或复合元形式化表示,则称模型 $P = G * L$ 为单目标问题的可拓模型.

若在条件 L 下,目标 G 不能实现,就称为不相容问题,记作 $G \uparrow L$. 不相容问题的判断方法和化解方法将在本章第 3 节介绍.

例 7.2.1 某高科技企业 E 拥有职工 1000 人,信誉度很高,想在某地建一厂房 W,估计成本价为 $\langle 450, 500 \rangle$ 万元. 而该企业目前可拿出来用于建厂房的经费不超过 100 万元,则该问题的可拓模型为

$$P = G * L$$

$$G = \begin{bmatrix} 建造, & 支配对象, & 厂房W \\ & 施动对象, & 企业E \\ & 成本, & \langle 450, 500 \rangle 万元 \end{bmatrix}$$

$$L = \begin{bmatrix} 企业E, & 可用资金量, & 100万元 \\ & 职工数量, & 1000人 \\ & 项目类型, & 高科技 \\ & 信誉度, & 5 \end{bmatrix}$$

2. 双目标同时实现的问题的可拓模型

设问题 P 的目标为 G_1 和 G_2,且需要两个目标同时实现,条件为 L(可以是一个条件,也可以是多个条件),且他们都可用基元或复合元形式化表示,则称模型

$$P = (G_1 \wedge G_2) * L$$

为双目标同时实现的问题的可拓模型.

若在条件 L 下,目标 G_1 和 G_2 不能同时实现,则称为对立问题,记作 $(G_1 \wedge G_2) \uparrow L$. 对立问题的判断方法和化解方法将在本章第 4 节介绍.

多条件的双目标同时实现的问题的可拓模型记为

$$P = (G_1 \wedge G_2) * (L_i, \wedge, \vee, \neg), \quad i = 1, 2, \cdots, n$$

例 7.2.2 狼鸡同笼问题:要想把一只狼和一只鸡放在同一个笼子中,又不能让狼把鸡吃掉. 则该问题的可拓模型为

$$P = (G_1 \wedge G_2) * L$$

其中

$$G_1 = \begin{bmatrix} 狼O_1, & 习性, & 吃肉 \\ & 位置, & 笼O中 \end{bmatrix} = \begin{bmatrix} O_1, & c_1, & v_{11} \\ & c_2, & v_{12} \end{bmatrix}$$

$$G_2 = \begin{bmatrix} 鸡O_2, & 习性, & 温和 \\ & 位置, & 笼O中 \end{bmatrix} = \begin{bmatrix} O_2, & c_1, & v_{21} \\ & c_2, & v_{22} \end{bmatrix}$$

$$L = (笼O, 容积, am^3) = (O, c, v)$$

3. 双目标至少一个实现的问题的可拓模型

设问题 P 的目标为 G_1 和 G_2,且需要两个目标至少实现一个,条件为 L(可以是一个条件,也可以是多个条件),且他们都可用基元或复合元形式化表示,则称模型 $P = (G_1 \vee G_2) * L$ 为双目标至少一个实现的问题的可拓模型.

多条件的双目标至少一个实现的问题的可拓模型记为

$$P = (G_1 \vee G_2) * (L_i, \wedge, \vee, \neg), \quad i = 1, 2, \cdots, n$$

这类问题通常可以分解为不相容问题进行处理.

4. 多目标同时实现的问题的可拓模型

若问题 P 有多个目标要同时实现,则其可拓模型可表达为

$$P = (G_1 \wedge G_2 \wedge \cdots \wedge G_m) * (L_i, \wedge, \vee, \neg), \quad i = 1, 2, \cdots, n$$

5. 一般多目标问题的可拓模型

若问题 P 是多个目标的一般情况,则其可拓模型可表达为

$$P = (G_i, \wedge, \vee, \neg) * (L_j, \wedge, \vee, \neg)$$

其中 $\wedge, \vee, \neg$ 分别表示多个目标或多个条件的与、或、非组合的各种情况.

7.3 解决不相容问题的可拓创意生成方法

问题与思考

♦ 你听过"曹冲称象"的故事吗?曹冲是如何用一个小秤称一头很大的大象的?你有没有比曹冲更好的方法?

♦ 如果你只有 20 万元,却想购买一套 100 万元的 $100m^2$ 的房子,怎么办?

♦ 不相容问题是我们遇到的最多的一类矛盾问题,当你认为一个问题是不相容问题时,依据是什么?如何判定它是不相容问题的?

本节将以上一节介绍的问题的可拓模型为基础, 利用可拓集与关联函数的知识, 首先给出不相容问题及其核问题的可拓模型的建立方法和定量化判定方法, 然后介绍解决不相容问题的可拓创意生成方法.

所谓可拓创意, 是使不相容问题的相容度从小于等于 0 变为大于 0 的可拓变换或可拓变换的运算式, 即矛盾问题的解变换. 生成可拓创意的过程, 称为可拓创意生成.

7.3.1 不相容问题的判定方法

给定问题 $P = G * L$, 其中 G, L 为基元或复合元. 若在条件 L 下目标 G 不能实现, 则称问题 P 为不相容问题, 通常记作 $G \uparrow L$.

不相容问题的解决, 有三种思路: ①目标不变, 通过条件的变换使不相容问题化解; ②条件不变, 通过对目标的变换使不相容问题化解; ③目标和条件同时改变, 使不相容问题化解.

当遇到一个问题无法解决时, 首先要界定它的目标和条件, 建立原问题的可拓模型, 然后根据实际问题判断目标和条件哪个可以改变, 再确定评价特征, 建立核问题的可拓模型, 进而建立核问题的相容度函数, 以判断问题不相容的程度.

(1) 当目标不能改变, 需要通过条件的变换解决不相容问题时, 则可以以实现目标所必需的量值域为正域建立相容度函数, 判断问题不相容的程度.

(2) 当条件不能改变, 需要通过目标的变换解决不相容问题时, 则可以以条件能提供的量值域为正域建立相容度函数, 判断问题不相容的程度.

(3) 当目标和条件都不能改变时, 首先要对目标进行蕴含分析, 找到其下位目标, 若下位目标可以改变, 则按照 (2) 的方法判定问题不相容的程度; 若无法找到下位目标, 就要对条件进行蕴含分析, 找到其下位条件, 然后按照 (1) 的方法判定问题不相容的程度.

(4) 当目标和条件都可以改变时, 则一般先选择实现目标所必需的量域为正域建立相容度函数, 判断问题不相容的程度.

不相容问题的一般判定方法如下:

给定问题 $P = G * L$, 其中 G, L 为基元、复合元或基元的运算式. 设 c_0 为评价特征, c_{0s} 为问题所涉及的对象 Z 需要的特征, 正域为 X_0, c_{0t} 为问题所涉及的另一对象 Z_0 提供的特征, 量值为 x_0, 记

$$g_0 = (Z, c_{0s}, X_0), \quad l_0 = (Z_0, c_{0t}, x_0)$$

称 $P_0 = g_0 * l_0$ 为问题 P 的核问题.

以 X_0 为正域建立对象 Z 关于 c_0 符合要求的程度的函数, 即问题 P 的相容度函数 $k(x)$ (相容度函数的建立方法参见本节 6.1 节关联函数的建立方法). 记

第 7 章 解决矛盾问题的可拓创意生成方法

$K_0(P) = k(x_0)$, 称之为问题 P 的相容度. 若 $K_0(P) < 0$, 则问题 P 为不相容问题; 若 $K_0(P) > 0$, 则问题 P 为相容问题; 若 $K_0(P) = 0$, 则问题 P 为临界问题.

案例分析

例 7.3.1 某人 E 想购买某楼盘的一套 130m^2 的新房 W, 共 12 层, 根据楼层的不同, 价格范围为 $[250, 300]$ 万元. 此人目前可拿出来用于买房的经费为 120 万元, 且 6 楼为最理想楼层, 价格为 280 万元. 假如买房的目标不能改变, 则只能通过变换条件的方法来解决矛盾问题. 请建立该问题的可拓模型, 并判断问题不相容的程度.

解 该问题的可拓模型为

$$P = G * L$$

$$= \begin{bmatrix} 购买, & 支配对象, & M \\ & 施动对象, & E \end{bmatrix} * \begin{bmatrix} E, & 可用资金量, & 120万元 \\ & 家庭月收入, & 4万元 \\ & 职业, & 企业白领 \\ & 信誉度, & 5 \end{bmatrix}$$

其中

$$M = \begin{bmatrix} W, & 楼层, & 6层 \\ & 价格, & 280万元 \end{bmatrix}$$

设评价特征为"资金量", 则该问题的核问题的可拓模型为

$$P_0 = g_0 * l_0$$
$$= (W, 需要资金量c_{0s}, [250, 300]万元) * (E, 提供资金量c_{0t}, 120万元)$$

以 $x_0 = 280$ 万元为需要资金的最优点, 正域为 $X = [250, 300]$, 根据第 6 章介绍的简单关联函数, 可建立相容度函数为

$$k(x) = \begin{cases} \dfrac{x - 250}{280 - 250}, & 0 \leqslant x \leqslant 280 \\[2mm] \dfrac{300 - x}{300 - 280}, & x \geqslant 280 \end{cases}$$

$$= \begin{cases} \dfrac{1}{30}(x - 250), & 0 \leqslant x \leqslant 280 \\[2mm] \dfrac{1}{20}(300 - x), & x \geqslant 280 \end{cases}$$

则当提供资金量 $x = 120$ 万元时,

$$K_0(P) = k(120) = \frac{1}{30}(120 - 250) = -\frac{13}{3} < 0$$

即对人 E 而言,问题 $P = G * L$ 为不相容问题.

例 7.3.2 三国时期,有人送给曹操一头大象,曹操想知道大象的重量,但当时的秤的称量很小,又不能把大象杀死分解了,曹操的谋臣们都想不出办法称大象的重量. 此问题很显然是一个不相容问题,请建立该问题的可拓模型及相容度函数,并判断问题不相容的程度.

解 该问题的原问题的可拓模型为

$$P = G * L = \begin{bmatrix} 称, & 支配对象, & \begin{bmatrix} 大象D_1, & 重量, & d\text{kg} \\ & 可分性, & 不可分 \end{bmatrix} \\ & 施动对象, & 曹操的谋臣 \end{bmatrix}$$

$$* \begin{bmatrix} 衡器, & 类型, & (秤D_2, 称量, [0,200]\text{kg}) \\ & 年代, & 三国时期 \end{bmatrix}$$

且 $d \gg 200$. 取评价特征 $c_{01s} =$ 重量,$c_{02s} =$ 可分程度,即 c_{01s}, c_{02s} 为条件 L 关于目标中的对象"大象 D_1"所要求的特征,量值域为 $X_1 = [0, +\infty)$,$X_2 = \{v_{21}, v_{22}\}$,其中 v_{21} 表示"被称量对象不可分为每部分的重量在 200kg 及以下",v_{22} 表示"被称量对象可分为每部分的重量在 200kg 及以下",正域为 $X_{01} = [0, 200]$,$X_{02} = \{v_{22}\}$. 设 $c_{0t} =$ 称量,为条件中的对象"秤 D_2"所提供的特征. 记

$$g_0 = \begin{bmatrix} 大象D_1, & c_{01s}, & d\text{kg} \\ & c_{02s}, & v_{21} \end{bmatrix}$$

$$l_0 = (秤D_2, c_{0t}, [0, 200]\text{kg})$$

则问题 P 的核问题的可拓模型为

$$P_0 = g_0 * l_0 = \begin{bmatrix} 大象D_1, & c_{01s}, & d\text{kg} \\ & c_{02s}, & v_{21} \end{bmatrix} * (秤D_2, c_{0t}, [0, 200]\text{kg})$$

分别以 X_{01}, X_{02} 为正域,建立该问题的相容度函数为

$$y = k_1(x_1) \vee k_2(x_2)$$

其中

$$k_1(x_1) = \frac{200 - x_1}{200}$$

$$k_2(x_2) = \begin{cases} -1, & 当x_2 = v_{21} \\ 1, & 当x_2 = v_{22} \end{cases}$$

显然问题 P 的相容度为

$$K_0(P) = k_1(d) \vee k_2(v_{21}) = \frac{200-d}{200} \vee (-1) < 0, \quad 当 d \gg 200 时$$

故问题 P 为不相容问题. 也就是说, 对曹操的谋臣而言, 该问题为不相容问题.

7.3.2 解决不相容问题的可拓创意生成方法的基本步骤与流程

解决不相容问题的可拓创意生成方法的基本步骤如下:

(1) 首先对实际问题界定目标和条件, 然后用基元形式化表示体系建立原问题的可拓模型.

(2) 判断目标和条件哪个不能改变, 然后选取评价特征, 根据实际问题提供的指标和要达到目标所需要的相应的指标的取值 (或取值范围), 确定原问题的核问题.

(3) 利用关联函数建立不相容问题的相容度函数, 通过计算判断问题不相容的程度.

(4) 确定先对目标进行分析还是先对条件进行分析:

① 若目标不变, 首先对问题的条件进行分析, 则选择拓展分析中的相关分析, 建立问题的相关树 (网);

② 若条件不变, 首先对问题的目标进行分析, 则选择拓展分析中的蕴含分析, 建立问题的蕴含树;

③ 若目标和条件都可以变, 则先执行①再执行②, 合并建立问题的相关–蕴含树.

(5) 对相关树或蕴含树的树叶进行发散分析或共轭分析, 然后进行可拓变换, 再根据传导变换, 形成传导变换蕴含树. 由可拓变换和传导变换形成的树, 通常称为可拓创意生成树.

(6) 对变换后形成的问题, 再计算其相容度函数的值, 若其相容度由变换前的小于或等于 0 变为大于 0(注: 有些实际问题可能认为等于 0 是相容, 有些则不然, 需具体问题具体分析), 则此可拓变换或变换的运算式即为解决不相容问题的可拓创意.

(7) 对变换后形成的多个解决不相容问题的可拓创意, 根据实际问题的要求, 选择衡量指标, 然后利用优度评价法评价所有可拓创意的优劣, 并将可拓创意按照优度的高低排序, 供决策者选择使用.

上述步骤的基本流程如图 7.3.1 所示.

下面分别通过案例进一步说明变换条件或变换目标解决不相容问题的方法.

可拓创新方法

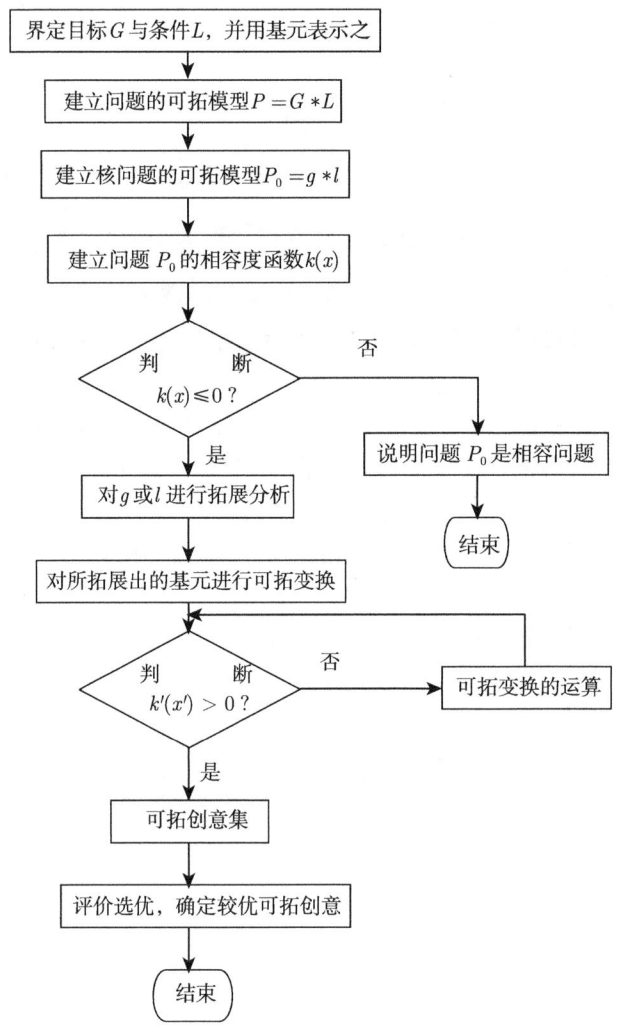

图 7.3.1 不相容问题的求解流程

案例分析

例 7.3.1(续) 在例 7.3.1 中建立了问题的可拓模型，并判断该问题为不相容问题，请给出解决该不相容问题的可拓创意.

由于新房 W 一定要买，因此，必须利用条件 l_0 的变换来解决此不相容问题. 此问题的条件是实资源条件，故应首先进行人 E 的资源的共轭分析，以寻找优势资源.

根据发散分析：

$$l_0 \dashv \begin{cases} (银行O_1, & c_{0t}, & v_1万元) \\ (父母O_2, & c_{0t}, & v_2万元) \\ (朋友O_3, & c_{0t}, & v_3万元) \\ (网络金融平台O_4, & c_{0t}, & v_4万元) \end{cases}$$

通过资源分析，此人的优势资源为其虚资源 —— 信誉资源和软资源 —— 关系资源，即此人在某一家银行的信誉很好，在网络金融平台中的信誉也很好，可以获得较低利息的贷款，而且此人与父母朋友的关系也非常好.

由此可见，至少可以选择作如下四种条件的变换：

(1) $T_1 l_0 = (E \oplus O_1, c_{0t}, 120 \oplus 160万元) = l_1', k(x_1') = k(280) = 1 > 0$，$T_1$ 即到银行 O_1 贷款 160 万元，再与自己提供的资金合并.

(2) $T_2 l_0 = (E \oplus O_2, c_{0t}, 120 \oplus 60万元) = l_2'$，且 $k(x_2') = k(180) = -\dfrac{7}{3} < 0$，$T_2$ 即向父母 O_2 借款 60 万元，再与自己提供的资金合并.

(3) $T_3 l_0 = (E \oplus O_3, c_{0t}, 120 \oplus 100万元) = l_3'$，且 $k(x_3') = k(220) = -1 < 0$，$T_3$ 即向朋友 O_3 借款 100 万元，再与自己提供的资金合并.

(4) $T_4 l_0 = (E \oplus O_4, c_{0t}, 120 \oplus 150万元) = l_3'$，且 $k(x_4') = k(270) = \dfrac{2}{3} > 0$，$T_4$ 即到网络金融平台 O_4 贷款 150 万元，再与自己提供的资金合并.

上述四种变换，只有 T_1 和 T_4 可使 $k(x_i') \geqslant 0, i = 1, 4$，即 T_1 和 T_4 可使不相容问题化为相容问题. 而 T_2 和 T_3 都不能解决不相容问题. 但

$$T_5 l_0 = (E \oplus O_2 \oplus O_3, c_{0t}, 280万元) = l_5', \quad k(x_5') = k(280) = 1 > 0$$

显然 $T_5 = T_2 \wedge T_3$，也可以解决此不相容问题. T_5 的含义是：同时实施向父母和朋友借钱这两个变换 (即变换的与运算) 去解决它.

上述变换 T_1, T_4 和 T_5 形成解决不相容问题的 3 个不同创意，再根据此人的实际情况，如银行利率、还款能力 (收入情况)、还款时间等衡量条件对创意进行评价，最后选择较优的创意，此略.

例 7.3.2 (续) 在例 7.3.2 中已判断问题 P 为不相容问题. 也就是说，对曹操的谋臣而言，该问题为不相容问题.

显然此问题无法直接通过对条件的变换解决，即在当时的年代，所有的秤都无法称量大象. 因此，必须考虑对目标的变换. 要求变换后的目标实现时，原目标必须实现，即必须满足

$$g = \begin{bmatrix} O, & c_{01s}, & dkg \\ & c_{02s}, & v_{22} \end{bmatrix}, \quad 且 g \Rightarrow g_0$$

对此问题, 根据发散树方法 (一特征元多对象):

$$g_0 \dashv \left\{ g_1 = \begin{bmatrix} 石头堆 S_1, & c_{01s}, & d\text{kg} \\ & c_{02s}, & v_{22} \end{bmatrix}, g_2 = \begin{bmatrix} 沙堆 S_2, & c_{01s}, & d\text{kg} \\ & c_{02s}, & v_{22} \end{bmatrix}, \right.$$

$$\left. g_3 = \begin{bmatrix} 木头堆 S_3, & c_{01s}, & d\text{kg} \\ & c_{02s}, & v_{22} \end{bmatrix}, g_4 = \begin{bmatrix} 一群人 S_4, & c_{01s}, & d\text{kg} \\ & c_{02s}, & v_{22} \end{bmatrix} \cdots, \right\}$$

根据可分性: $g_i / \{g_{i1}, g_{i2}, \cdots, g_{in_i}\}$, $i = 1, 2, 3, \cdots, m$, 例如

$$g_{1j} = \begin{bmatrix} 石头 S_{1j}, & c_{01s}, & d_{1j}\text{kg} \\ & c_{02s}, & v_{22} \end{bmatrix}, \quad d_{1j} \leqslant 200, \quad j = 1, 2, \cdots, n_1$$

再根据当时的现实情况和方便性, 选择其中之一, 作为蕴含 g_0 的目标.

下面的问题就是在 g_0 中的 x 未知且无法用当时的秤称量的情况下, 如何衡量 g_i 与 g_0 的等价? 这就从实现 "称象" 的目标 G, 变成了寻找衡量 g_i 与 g_0 等价的 "衡器" 的目标 G_1(曹冲的目标), 显然

$$G \Leftarrow G_1, \quad G_1 = (衡量, 支配对象, g_0 \Leftrightarrow g_i)$$

根据领域知识可知, 可用于衡量 g_i 与 g_0 等价的工具有很多, 例如, 在陆地上有杠杆、树杈等, 在水中有船、木排等. 以杠杆 F_1 和船 F_2 为例, 再根据蕴含分析方法, 对目标 G_1 进行蕴含分析, 有

$$G_1 \Leftarrow G_{11} \vee G_{12}$$

其中

$$G_{11} = \begin{bmatrix} 衡量, & 支配对象, & g_0 \Leftrightarrow g_i \\ & 工具, & 杠杆 F_1 \\ & 地点, & 陆地 \end{bmatrix}$$

$$G_{12} = \begin{bmatrix} 衡量, & 支配对象, & g_0 \Leftrightarrow g_i \\ & 工具, & 船 F_2 \\ & 地点, & 水中 \end{bmatrix}$$

即可用于衡量 g_i 与 g_0 等价的衡器有杠杆、船等. 若在陆地上利用一个杠杆, 则需要很大的容器一端装下大象、另一端装下与大象等重的物体, 较难实现. 若水中利用船, 则可根据 "船的吃水深度相同的物体等重" 的知识, 先把大象牵到船上, 刻下船的吃水深度, 再换上其他物体, 直装到与大象的吃水深度相同. 这样就实现了目标 G_{12}, 也就实现了 G_1. 显然船是最省力的 "衡器".

作置换变换 $T_i g_0 = g_i (i = 1, 2, 3, \cdots, m)$，再作分解变换 $T_i' g_i = \{g_{i1}, g_{i2}, \cdots, g_{in_i}\}$，其中

$$g_{ij} = \begin{bmatrix} S_{ij}, & c_{01s}, & d_{ij}\text{kg} \\ & c_{02s}, & v_{22} \end{bmatrix}$$

且 $d_{i1} + d_{i2} + \cdots + d_{in_i} = d, d_{ij} \leqslant 200 \ (i = 1, 2, 3, \cdots, m;\ j = 1, 2, \cdots, n_i)$，则

$$K(T_i' T_i g_0) = \bigwedge_{j=1}^{n_i} K(T_i' g_i) = \bigwedge_{j=1}^{n_i} [k_1(d_{ij}) \vee k_2(v_{22})]$$
$$= \bigwedge_{j=1}^{n_i} \left(\frac{200 - d_{ij}}{200} \vee 1 \right) > 0$$

即作变换 $T_i' T_i = \{$先把大象用船换成可分的与其等重的物体 S_i，再把 S_i 分解为可称的物体 $S_{ij}\}$，使不相容问题化为相容问题.

这就是曹冲的方法，他采取了用船测量大象在船上时的吃水线和石头在船上时的吃水线一致，找到了等价目标，从而用"船⊕小秤"称出了大象的重量.

实际上，曹冲的方法并不是最聪明的，如果用"一队士兵⊕部分石头"，衡量他们在船上时船的吃水深度，是不是更方便？

思考 如果没有水塘没有船，也没有磅秤，你有什么方法称出大象的重量？

7.4 解决对立问题的转换桥方法

 问题与思考

♦ 香港的交通规则是靠左行驶，深圳的交通规则是靠右行驶，如何建一座桥将两地连接起来而不撞车？

♦ 两个人一起去吃火锅，一个喜欢吃辣的，一个喜欢吃清淡的，如何选择锅底汤？

♦ 这些问题都是在现有的条件下要同时实现两个对立的目标的问题，都有哪些解决方法？有没有规律可循？

关于对立问题的解决，人们通常有如下三种方法：

(1) "非此即彼"的斗争方法. 如"肯定一方，否定另一方""听我的"或者"听你的"等，这种方法简单、直接，但容易导致新的矛盾产生.

(2) "亦此亦彼" 的平衡方法, 也称为折中调和的方法. 如 "你三成, 我七成", 通过讨价还价使矛盾双方各得到一部分利益, 在折中点上使矛盾达到调和, 该方法往往需要通过谈判来实现.

(3) "各行其道, 各得其所" 的转换桥方法. 这是一种较巧妙地处理矛盾问题的方法. 下面将介绍这种解决对立问题的方法.

对立问题也是一类常见的矛盾问题, 本节将以 7.2 节介绍的问题的可拓模型为基础, 首先给出对立问题的可拓模型, 然后给出解决对立问题的转换桥方法.

7.4.1 对立问题的可拓模型

给定问题 $P = (G_1 \wedge G_2) * L$, 其中 G_1, G_2, L 为基元或复合元. 若在条件 L 下目标 G_1 和 G_2 不能同时实现, 则称问题 P 为对立问题, 通常记作 $(G_1 \wedge G_2) \uparrow L$.

给定对立问题 $P = (G_1 \wedge G_2) * L$, $(G_1 \wedge G_2) \uparrow L$, 若存在变换 $T = (T_{G_1}, T_{G_2}, T_L)$, 使

$$(T_{G_1} G_1 \wedge T_{G_2} G_2) \downarrow T_L L$$

则称 T 为问题 P 的解变换.

若 $T_{G_1} G_1 \Rightarrow G_1, T_{G_2} G_2 \Rightarrow G_2$, 则称 T 为使问题 P 由对立转化为共存的解变换, 它使 G_1 和 G_2 共存.

解变换的变换对象, 是使对立转化为共存的必不可少的构件, 由于它们在解决对立问题的过程中起到了转换的作用, 我们形象地称之为转换桥, 记为 $Br(G_1, G_2)$.

文献 [10] 中给出了基于可拓集的对立问题的定义和对立问题的可拓模型的建立方法与判定方法. 由于对立问题的共存度函数的建立比较复杂, 此节不作介绍, 仅在已经判断问题是对立问题的情况下探讨解决对立问题的方法 —— 转换桥方法. 该方法是实现 "各行其道, 各得其所" 地处理对立问题的方法.

7.4.2 转换桥方法

在前期对转换桥的研究中, 我们认为转换桥有两种类型: 一种是连接式转换桥, 一种是分隔式转换桥. 通过近几年的应用研究, 我们发现, 在很多情况下, 连接式转换桥和分隔式转换桥都不是孤立使用的, 某些连接式转换桥也有分隔的作用, 某些分隔式转换桥也起到连接的作用. 例如, 连接交通系统的立交桥, 既有连接的作用, 也有分隔纵横交通车辆的作用; 再如, 为解决空间不足、无法在一个房间放置两张床的矛盾而设计的 "叠架床", 床架既起到分隔两张床的作用, 又起到连接的作用.

从功能 (或作用) 的角度, 转换桥包括连接功能为主的 "连接–分隔" 式转换桥和分隔功能为主的 "分隔–连接" 式转换桥. 其中起 "连接–分隔" 或 "分隔–连接" 作用的部分称为转折部. 通俗地说, 转换桥方法就是通过构造转折部以连接或分隔对立的双方, 使之实现共存的方法. 由于转换桥的可拓模型比较复杂, 下面仅用实

例通俗介绍如何构造这两种类型的转换桥的转折部来解决对立问题. 模型化方法参见文献 [10].

案例分析

例 7.4.1 香港的汽车靠左行驶, 深圳的汽车靠右行驶, 要想把这两个不同运行规则的交通系统在深圳的皇岗连接起来, 简单地用一段路连接, 在连接区必然撞车. 深圳的皇岗桥就是 "连接–分隔" 香港和深圳的交通系统的转折部. 在这个桥上, 从香港开住深圳方向的车, 自动变为靠右行驶进入深圳; 从深圳开往香港方向的车, 自动变为靠左行驶进入香港, 实现了 "各行其道, 各得其所".

例 7.4.2 夫妻两人一起去吃火锅 (即在同一时间 t), 一个喜欢吃辣, 一个不能吃辣, 如何选择锅底汤? 这是一个对立问题, 但有很多解决方案, 如可以选择不辣的锅底汤, 喜欢吃辣的另外蘸辣椒酱吃; 或者吃独立的单人火锅, 各人选择各人的锅底汤. 若只有一个火锅, 又想同时满足两个人的需要, 有没有更好的解决方案呢? "鸳鸯火锅" 中间的隔板就是解决此对立问题的 "分隔–连接" 式转折部. 即在火锅的中间加一个隔板, 将一个火锅分隔成两部分, 一边加入辣的锅底汤, 一边加入不辣的锅底汤. 这就是 "鸳鸯火锅" 的形成思路.

例 7.4.3 "狼鸡同笼" 问题的转换桥设计. 要想把一只狼和一只鸡在同一个时间放在同一个笼子中而又不让狼把鸡吃掉, 该问题是简单问题, 可直观判断问题是对立问题. 显然可以采取与上例同样的方法, 在笼子中加一个隔板作为 "分隔–连接" 式转折部, 从而使对立问题转化为共存.

例 7.4.4 某房地产商要在一块 am^2 的空地上建一商品楼盘, 从商业利益考虑, 当然是所建楼盘的面积越大越好, 而城市规划要求楼盘必须保证一定的绿化面积, 即绿化覆盖率. 按照一般的标准, 新区住宅建设的绿化覆盖率不低于总面积的 30%. 该楼盘的设计建筑面积是 $90\%a\,m^2$, 也就是说绿化面积最多 $10\%a\,m^2$, 显然无法达到规定的标准, 因此是一个矛盾问题.

按照常规的思维方式, 必须修改商品楼的设计方案, 缩小商品楼的面积, 即改变目标 G_1. 如果是这样, 一定会减少楼房的销售收入. 还有一个办法就是变换条件 L, 即再多购买一部分地, 使总面积增加, 从而增加绿地面积, 显然这样也要增加成本.

如果利用转换桥方法, 可以利用 "楼顶空间" 起到 "分隔–连接" 商品楼用地和绿地的作用, 且作为连接它们的部分, 形成 "空中花园", 从而解决此对立问题.

在各领域中都有很多对立的矛盾问题, 如传统企业的竞争方式是不惜血本, 让竞争对手失败, 甚至消失, 竞争对手间的关系是 "你死我活, 势不两立". 随着社会的发展, 人们逐渐认识到, "双赢" 甚至 "多赢" 才是企业生存发展的更好方式, 只有互相合作才能避免无谓的牺牲. 转换桥方法可以应用于多领域对立问题的化解,具有较好的普适性.

思考与练习

1. 请利用可拓集的定义,以消费者的购买能力和购买意愿为评价特征,并以某次营销活动作为可拓变换,对企业的市场进行可变分类.

2. 请利用可拓集的定义,以学生的组织能力、语言表达能力和计算机操作水平为评价特征,并以"同时进行组织能力、语言表达能力和计算机操作水平三种相应的培训"作为可拓变换,对全班同学进行可变分类.

3. 在山中的某个寺庙里,一个师傅问徒弟:如果你要烧壶开水,生火到一半时发现柴不够,你该怎么办?该问题的目标是什么?条件是什么?如何建立该问题的可拓模型?请建立问题的相容度函数,判断原问题不相容的程度.

4. 要将 4 页彩色纸质文件制作成 1 个小于 200kb 的 JPG 文件,还必须能看清楚上面的文字,如何实现?该问题的目标是什么?条件是什么?如何建立该问题的可拓模型?请建立问题的相容度函数,判断原问题不相容的程度.

5. 在同一块地上,既要建高尔夫球练习场,又要建钓鱼场,如何实现?该问题的目标是什么?条件是什么?是不相容问题还是对立问题?如何解决?

6. 卫生间里有一个 20cm 深的带水龙头的洗手盆,离地面高度 70cm,要想给一个高度为 50cm 的水桶装满水,您有什么办法?请用可拓创意生成方法生成多个解决该问题的创意,并给出较优创意.

7. 要想把一个重 100kg 的保险箱从客厅搬进卧室,但只有一个人,又不能划伤木地板,怎么办?请用可拓创意生成方法生成多个解决该问题的创意,并给出较优创意.

8. 你只有 4000 元钱，既想买 4000 元的笔记本电脑，又想买 3000 元的手机，怎么办？请用转换桥方法给出解决此问题的创意.

9. 蜂王是蜜蜂群体中唯一能正常产卵的雌性蜂. 当还是幼虫时被安排住进王台食用蜂王浆，就会变成蜂王. 蜂王产的卵是受精卵时发育成工蜂. 蜂王产的卵是未受精卵时发育成雄蜂. 工蜂在蜂群中数量占群体的绝大多数. 工蜂是生殖器官发育不完全的雌性蜜蜂，没有生殖能力，个体较小，它们的职能是负责采集花粉、花蜜、酿蜜、饲喂幼虫和蜂王，并承担筑巢、清洁蜂房、调节巢内温度、湿度以及抵御敌害等工作. 由此可见，在一个蜂箱中，工蜂越多，产的蜂蜜越多. 而每个蜂王的繁殖能力是有限的，如何提高蜂蜜的产量？养蜂人提出了一个蜂箱养殖 2 只蜂王的设想，希望能由此提高蜂蜜的产量. 从理论上讲，如果一个蜂箱中能有 2 只蜂王，工蜂的数量就会增加一倍，蜂蜜的产量就可以增加一倍. 但一个蜂箱中放置 2 只蜂王时，它们会互相残杀，因此，导致了一个对立问题的产生. 如何解决？

第 8 章 产品可拓创意生成方法

内容提要

产品创新是企业永恒的主题. 企业如果能够掌握产品创新的规律与方法,就可以正确把握市场. 产品可拓创意生成方法是从对消费者的需要、产品及其功能等的形式化研究、拓展和变换的可能性和有序性入手,研究产品创意的生成规律与方法,以便于批量生成新产品创意、研制产品创新软件及对新产品的出现进行预测.

本章将首先介绍简便易用的可拓创新四步法,然后介绍产品创新的三个创造法.

8.1 可拓创新四步法

问题与思考

- ◆ 新产品创意从何而来?
- ◆ 创造新产品有无规律可循,有无方法可依?
- ◆ 有无方便易学的可操作方法帮助产品创新人员生成新产品创意?

可拓创新四步法是利用基本可拓创新方法进行创新或解决矛盾问题的通用方法,包括建模、拓展、变换、选择四个步骤,通过这四步,可以生成新产品创意或解决矛盾问题的创意.

可拓创新四步法如图 8.1.1 所示.

以产品创新为例,简述可拓创新四步法的四个步骤如下.

1. 建模

首先根据具体问题,利用第 2 章介绍的可拓模型建立方法,用形式化方法建立要进行创新的产品可拓模型,包括产品物元模型、功能事元模型、需要事元模型、结构关系元模型,以及复杂产品的复合元模型等,作为创新的入手点.

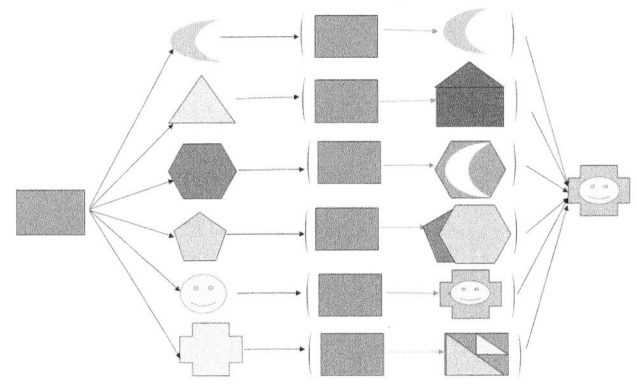

图 8.1.1　可拓创新四步法图示

2. 拓展

为找到创新的多种途径,利用第 3 章和第 4 章介绍的拓展分析方法和共轭分析方法对第 1 步建立的产品可拓模型进行拓展,作为创意生成的依据.

3. 变换

利用第 5 章介绍的可拓变换方法作为创意生成的工具,将原有的产品可拓模型变换为拓展出的各种模型,从而获得多种新产品创意.

4. 选择

对上一步产生的多种新产品创意,利用第 6 章的优度评价方法进行评价选优,选出优度较高的创意,作为备选新产品创意.

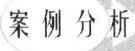
案例分析

例 8.1.1　假设现有的陶瓷杯子 D 是由杯身 D_1,杯把 D_2,杯盖 D_3,杯底 D_4 四部分构成. 下面利用可拓创新四步法生成新产品创意.

步骤 1　建模 —— 建立杯子 D 的四个组成部分及其关系的可拓模型,为便于说明方法的操作步骤,对杯子的组成部分只关注形状和颜色这两个特征,各组成部分之间的关系只分析杯身与杯把、杯盖与杯身的关系,不对杯子的功能进行建模.

$$M_1 = \begin{bmatrix} 杯身D_1, & 形状, & 圆柱体 \\ & 颜色, & 白色 \end{bmatrix}$$

$$M_2 = \begin{bmatrix} 杯把D_2, & 形状, & 半圆环形 \\ & 颜色, & 白色 \end{bmatrix}$$

$$M_3 = \begin{bmatrix} 杯盖D_3, & 形状, & 球冠形 \\ & 颜色, & 白色 \end{bmatrix}$$

$$M_4 = \begin{bmatrix} 杯底D_4, & 形状, & 圆形 \\ & 颜色, & 白色 \end{bmatrix}$$

$$R_1 = \begin{bmatrix} 连接关系O_1, & 前项, & 杯身D_1 \\ & 后项, & 杯把D_2 \\ & 方式, & 一体 \end{bmatrix}$$

$$R_2 = \begin{bmatrix} 上下关系O_2, & 前项, & 杯盖D_3 \\ & 后项, & 杯身D_1 \\ & 方式, & 直扣式 \end{bmatrix}$$

步骤 2 拓展 —— 以拓展分析方法中的发散树方法为例, 分别对上述产品物元模型和结构关系元模型进行发散分析. 还可以对它们进行相关分析、蕴含分析和可扩分析, 此略. 此处只利用 "一特征多量值" 的发展规则, 发散结果如下:

$$M_1 = \begin{bmatrix} 杯身D_1, & 形状, & 圆柱体 \\ & 颜色, & 白色 \end{bmatrix} \dashv \begin{cases} M_{11} = \begin{bmatrix} 杯身D_{11}, & 形状, & 卡通形象 \\ & 颜色, & 卡通形象色 \end{bmatrix} \\ M_{12} = \begin{bmatrix} 杯身D_{12}, & 形状, & 动物形象 \\ & 颜色, & 动物形象色 \end{bmatrix} \\ M_{13} = \begin{bmatrix} 杯身D_{13}, & 形状, & 心形柱体 \\ & 颜色, & 白色 \end{bmatrix} \\ M_{14} = \begin{bmatrix} 杯身D_{14}, & 形状, & 四棱柱体 \\ & 颜色, & 红色 \end{bmatrix} \end{cases}$$

$$M_2 = \begin{bmatrix} 杯把D_2, & 形状, & 半圆环形 \\ & 颜色, & 白色 \end{bmatrix}$$

$$\dashv \begin{cases} M_{21} = \begin{bmatrix} 杯把 D_{21}, & 形状, & 耳朵形 \\ & 颜色, & 卡通形象色 \end{bmatrix} \\ M_{22} = \begin{bmatrix} 杯把 D_{22}, & 形状, & 动物尾巴形 \\ & 颜色, & 动物尾巴色 \end{bmatrix} \\ M_{23} = \begin{bmatrix} 杯把 D_{23}, & 形状, & 圆环形 \\ & 颜色, & 红色 \end{bmatrix} \\ M_{24} = \begin{bmatrix} 杯把 D_{24}, & 形状, & 矩形环 \\ & 颜色, & 黑色 \end{bmatrix} \end{cases}$$

$$M_3 = \begin{bmatrix} 杯盖 D_3, & 形状, & 球冠形 \\ & 颜色, & 白色 \end{bmatrix}$$

$$\dashv \begin{cases} M_{31} = \begin{bmatrix} 杯盖 D_{31}, & 形状, & 卡通形象头形 \\ & 颜色, & 卡通形象色 \end{bmatrix} \\ M_{32} = \begin{bmatrix} 杯盖 D_{32}, & 形状, & 动物头形 \\ & 颜色, & 动物头色 \end{bmatrix} \\ M_{33} = \begin{bmatrix} 杯盖 D_{33}, & 形状, & 圆盘形 \\ & 颜色, & 红色 \end{bmatrix} \\ M_{34} = \begin{bmatrix} 杯盖 D_{34}, & 形状, & 矩形 \\ & 颜色, & 黑色 \end{bmatrix} \end{cases}$$

$$M_4 = \begin{bmatrix} 杯底 D_4, & 形状, & 圆形 \\ & 颜色, & 白色 \end{bmatrix}$$

$$\dashv \begin{cases} M_{41} = \begin{bmatrix} 杯底 D_{41}, & 形状, & 心形 \\ & 颜色, & 红色 \end{bmatrix} \\ M_{42} = \begin{bmatrix} 杯底 D_{42}, & 形状, & 动物头形 \\ & 颜色, & 动物头色 \end{bmatrix} \\ M_{43} = \begin{bmatrix} 杯底 D_{43}, & 形状, & 卡通形象头形 \\ & 颜色, & 卡通形象色 \end{bmatrix} \\ M_{44} = \begin{bmatrix} 杯底 D_{44}, & 形状, & 矩形 \\ & 颜色, & 黑色 \end{bmatrix} \end{cases}$$

$$R_1 = \begin{bmatrix} 连接关系 O_1, & 前项, & 杯身 D_1 \\ & 后项, & 杯把 D_2 \\ & 方式, & 一体 \end{bmatrix}$$

$$\neg \begin{cases} R_{11} = \begin{bmatrix} 连接关系 O_{11}, & 前项, & 杯身 D_{1i} \\ & 后项, & 杯把 D_{2j} \\ & 方式, & 分离式 \end{bmatrix} \\ R_{12} = \begin{bmatrix} 连接关系 O_{12}, & 前项, & 杯身 D_{1i} \\ & 后项, & 杯把 D_{2j} \\ & 方式, & 无 \end{bmatrix} \\ R_{13} = \begin{bmatrix} 连接关系 O_{13}, & 前项, & 杯身 D_{1i} \\ & 后项, & 杯把 D_{2j} \\ & 方式, & 上端一体下端分离 \end{bmatrix} \end{cases}$$

$$R_2 = \begin{bmatrix} 上下关系 O_2, & 前项, & 杯盖 D_3 \\ & 后项, & 杯身 D_1 \\ & 方式, & 直扣式 \end{bmatrix}$$

$$\neg \begin{cases} R_{21} = \begin{bmatrix} 上下关系 O_{21}, & 前项, & 杯身 D_{1i} \\ & 后项, & 杯盖 D_{3t} \\ & 方式, & 直扣式 \end{bmatrix} \\ R_{22} = \begin{bmatrix} 上下关系 O_{22}, & 前项, & 杯盖 D_{3t} \\ & 后项, & 杯身 D_{1i} \\ & 方式, & 螺旋式 \end{bmatrix} \\ R_{23} = \begin{bmatrix} 上下关系 O_{23}, & 前项, & 杯身 D_{1i} \\ & 后项, & 杯盖 D_{3t} \\ & 方式, & 嵌入式 \end{bmatrix} \end{cases}$$

$(i = 1, 2, 3, 4; j = 1, 2, 3, 4; t = 1, 2, 3, 4)$

步骤 3 变换 —— 以可拓变换中的置换变换和变换的与运算为例,将上述拓展前的模型变换为拓展出的模型,并进行复合变换,可形成很多新产品模型.

首先作如下置换变换:

$$T_{12} M_1 = M_{12} = \begin{bmatrix} 杯身 D_{12}, & 形状, & 动物形象 \\ & 颜色, & 动物形象色 \end{bmatrix}$$

$$T_{13} M_1 = M_{13} = \begin{bmatrix} 杯身 D_{13}, & 形状, & 心形柱体 \\ & 颜色, & 白色 \end{bmatrix}$$

$$T_{22} M_2 = M_{22} = \begin{bmatrix} 杯把 D_{22}, & 形状, & 动物尾巴形 \\ & 颜色, & 动物尾巴色 \end{bmatrix}$$

$$T_{24}M_2 = M_{24} = \begin{bmatrix} 杯把D_{24}, & 形状, & 矩形环 \\ & 颜色, & 黑色 \end{bmatrix}$$

$$T_{33}M_3 = M_{33} = \begin{bmatrix} 杯盖D_{33}, & 形状, & 圆盘形 \\ & 颜色, & 红色 \end{bmatrix}$$

$$T_{41}M_4 = M_{41} = \begin{bmatrix} 杯底D_{41}, & 形状, & 心形 \\ & 颜色, & 红色 \end{bmatrix}$$

$$T_{42}M_4 = M_{42} = \begin{bmatrix} 杯底D_{42}, & 形状, & 动物头形 \\ & 颜色, & 动物头色 \end{bmatrix}$$

$$T_{R21}R_2 = R_{21} = \begin{bmatrix} 上下关系O_{21}, & 前项, & 杯身D_{12} \\ & 后项, & 杯盖D_{33} \\ & 方式, & 直扣式 \end{bmatrix}$$

再作如下复合变换:

(1) $T = T_{R21}(T_{12} \wedge T_{22} \wedge T_{33} \wedge T_{42})$, 使得

$$M = M_{12} \wedge M_{22} \wedge M_{33} \wedge M_{42} \wedge R_{21}$$
$$= \begin{bmatrix} 杯身D_{12} \wedge 杯把D_{22} \wedge 杯盖D_{33} \wedge 杯底D_{42}, & 形状, \\ & 颜色, \\ & 动物形象 \wedge 动物尾巴形 \wedge 圆盘形 \wedge 动物头形 \\ & 动物色 \end{bmatrix}$$
$$\wedge \begin{bmatrix} 上下关系O_{21}, & 前项, & 杯身D_{12} \\ & 后项, & 杯盖D_{33} \\ & 方式, & 直扣式 \end{bmatrix}$$

(2) $T' = T_{13} \wedge T_{24} \wedge T_{41}$, 使得

$$M' = M_{13} \wedge M_{24} \wedge M_{41}$$
$$= \begin{bmatrix} 杯身D_{12} \wedge 杯把D_{24} \wedge 杯底D_{41}, & 形状, & 心形柱体 \wedge 矩形环 \wedge 心形 \\ & 颜色, & 白色 \wedge 黑色 \wedge 红色 \end{bmatrix}$$

上述两个变换所获得的模型 M 和 M' 即为两个新产品模型, 用语言表述为如下新产品创意.

创意 M 杯身为动物身体形、杯把为动物尾巴形、杯盖为圆盘形、杯底为动物头形且杯身在上、杯盖在下的直扣式杯子.

创意 M' 杯身为心形柱体、杯把为矩形环、杯底为心形的无盖杯子.

步骤 4 选择 —— 利用优度评价方法,选择新颖性和成本作为评价特征,并以 (新颖性, 高) 和 (成本, ⟨50, 100⟩ 元) 作为衡量指标,成本的最优点为 80 元,分别建立离散型关联函数和简单关联函数如下:

$$k_1(x_1) = \begin{cases} 1, & x_1 = 高 \\ 0, & x_1 = 中 \\ -1, & x_1 = 低 \end{cases}, \quad k_2(x_2) = \begin{cases} \dfrac{x_2-50}{80-50} = \dfrac{x_2-50}{30}, & x_2 \leqslant 80 \\ \dfrac{100-x_2}{100-80} = \dfrac{100-x_2}{20}, & x_2 \geqslant 80 \end{cases}$$

利用专家打分法,对创意 M 和创意 M' 的新颖性和成本进行打分,可得:

创意 M 的新颖性 $x_{11} = 高$,成本 $x_{21} = 90$ 元,则其关联度和规范关联度为:

$$k_1(x_{11}) = 1, k_2(x_{21}) = k_2(90) = 0.5; K_1(x_{11}) = 1, K_2(x_{21}) = 0.5;$$

创意 M' 的新颖性 $x_{12} = 中$,成本 $x_{22} = 70$ 元,则其关联度和规范关联度为:

$$k_1(x_{12}) = 0, k_2(x_{22}) = k_2(70) = 0.67; K_1(x_{12}) = 0, K_2(x_{22}) = 1;$$

并将这两个衡量指标的权重选择为 $\alpha_1 = 0.8, \alpha_2 = 0.2$,则

创意 M 的综合优度为: $C(M) = \alpha_1 K_1(x_{11}) + \alpha_2 K_2(x_{21}) = 0.8 + 0.2 * 0.5 = 0.9$

创意 M' 的综合优度为: $C(M') = \alpha_1 K_1(x_{12}) + \alpha_2 K_2(x_{22}) = 0 + 0.2 * 1 = 0.2$

显然创意 M 的综合优度较高,故选择创意 M 作为拟开发的新产品创意.

说明 上述案例显示了可拓创新四步法的可操作性,而且可以程序化操作. 本章中后面要讲到的各种产品创新方法,都是在此方法的基础上,从不同的出发点,进一步细化而来的方法.

8.2 第一创造法
—— 从消费者的需要出发生成新产品创意

问题与思考

◆ 出差或旅行的人,希望只带一个旅行箱或旅行包,却想多带几双不

同的鞋子,如皮鞋、布鞋、登山鞋、跑步鞋等,以适合不同的场合穿着。您能解决这个问题吗?

◆ 消费者有什么样的需要?如何与产品的功能对应以获得新产品创意?

研究产品创新的规律,必须从研究消费者的需要开始,因为消费者购买产品是为了满足自己的需要,而不是产品本身.

哪个企业能够发现未被满足的需要、可以提升的需要和可以延续的需要,往往可以先知先觉,为人之所不为,把握商机,把握市场.

目前对消费者需要的层次性研究有很多,但如何去分析和发现消费者的需要才是更重要的.

利用可拓学中的事元,可以对需要给予形式化表示,并研究需要的拓展性,给出需要的形式化分析方法.

由于消费者的需要与产品的功能是对应的,因此,可以提供从需要出发创造新产品的形式化思路,便于产品开发人员构思新产品.

8.2.1 第一创造法的基本思想

第一创造法,是从消费者对产品功能的需要出发构思全新产品的方法. 所谓全新产品,是新技术、新发明、新发现的产物,是世界上从未有过的. 这种产品的诞生,会改变人们的生活方式,导致"消费革命".

事实上,产品是具有满足人们某种需要的功能的东西. 需要是创造之母. 从需要出发,可以创造产品(或服务),进而创造市场、创造企业,甚至创造行业.

从满足消费者的未被满足的"需要"出发构思新产品,可以创造全新产品. 这是避开竞争、开创蓝海的很好方法.

第一创造法的最初目标不是为了构思新产品,而是为了解决目前市场上的产品无法满足消费者的某种需要的矛盾,即消费者有对某些功能的需要,而客观世界的现有物件又无法满足这一需要的情况下构思全新产品的方法.

例如,进入 21 世纪以来,人们的生活节奏也越来越快,大多数人所拥有的旅行时间也越来越短,即使在国家法定节假日具备了时间和条件,人们更多地会选择在家里休息而不会选择加入国内的旅行大军. 在这种情况下,消费者就迫切需要一种能够不在拥挤的情况下也能够满足放松心情、亲近自然、错开高峰、降低消费等愿望的产品出现.

利用目前已经比较成熟的虚拟现实技术创造的"虚拟现实眼镜",就可以使这个梦想成真. 它是对当今多个方面的技术的融合,能够让人们在戴上虚拟现实眼镜之后,在视觉、听觉、触觉等多个方面有身临其境的感觉,能够解决当今人们由于繁忙而无暇出游或者因为人多而不愿意出游等问题. 相信不久的将来, 该项技术能够给人们的生活方式带来改变. 现在虚拟现实技术已经广泛地应用于医疗、娱乐、军事航天、室内设计、房产开发、工业仿真等.

8.2.2 第一创造法的主要步骤

(1) 分析消费者的需要及需要未被满足的原因, 建立矛盾问题的可拓模型, 确定待创造产品的功能.

确定该需要还没有产品能够满足的原因, 建立矛盾问题的可拓模型, 并将其对应为待创造产品 O 的功能, 并用事元表示这些功能, 形成功能事元集 $\{A_f\}$.

(2) 确定待创造产品 O 的性质特征元集和实义特征元集.

很多产品的功能是由产品的性质确定的, 例如, 纸具有 "包装东西" 的功能, 是因为纸具有 "柔韧性" 的性质特征及相应的量值, 而该性质特征又是因为纸具有 "材质" 的特征及相应的量值. 也有些产品的功能是直接由产品的实义特征确定的, 例如, 笔具有 "压纸" 的功能, 是因为笔具有 "质量" 这个实义特征及其相应的量值.

鉴于此, 在由第一步确定了功能事元集之后, 要确定实现这些功能事元的待创造产品的性质特征元集 $\{(c_g, v_g)\}$ 和实义特征元集 $\{(c_r, v_r)\}$.

(3) 确定待创造产品 O 的硬部和软部.

由实义特征元集 $\{(c_r, v_r)\}$, 作实义物元集 $\{(O_r, c_r, v_r)\}$, 它们表示可以作为零部件、材料和原料等的物元, 即产品的硬部 hrO. 然后设计零部件之间的关系, 也即产品的软部 sfO.

(4) 确定待创造产品 O 的潜部和负部.

根据对产品的潜功能的要求, 同时考虑产品关于功能值为负值的部分, 即产品的潜部 ltO 和负部 ng_cO.

(5) 选择利用拓展分析和可拓变换对上述共轭部进行拓展和变换, 从而获得新创意, 判断该创意是否使原矛盾问题化解.

利用拓展分析和可拓变换获得新的满足消费者需要的产品创意, 使 O 具有所要求的潜功能, 同时减少产品带来的负作用. 进而判断这些创意是否使原矛盾问题化解, 如果无法化解, 则继续进行拓展分析和可拓变换, 直至获得可化解矛盾问题的创意.

(6) 获得产品创意集.

由上述过程, 可以得到待创造产品 O 的若干创意, 即产品创意集 $\{M\}$.

(7) 评价.

对 $\{M\}$ 中各创意进行综合评价, 确定较优的创意.

上述步骤可用如图 8.2.1 所示的流程图表示.

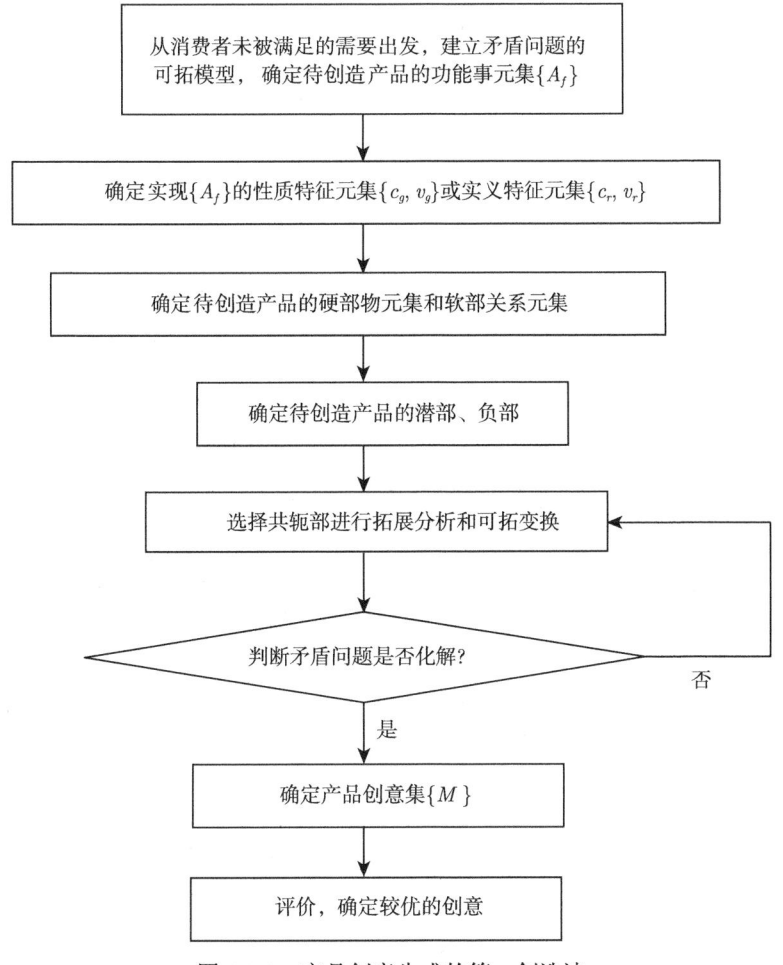

图 8.2.1 产品创意生成的第一创造法

案例分析 --

例 8.2.1 出差或旅行的人,希望只带一个能带上飞机的旅行箱,却想多带几双不同的鞋子,如皮鞋、布鞋、登山鞋、跑步鞋等,以适合不同的场合穿着. 请用第一创造法生成一个能满足该需要的新产品创意.

(1) 分析消费者的需要及需要未被满足的原因,建立矛盾问题的可拓模型,进而确定待创造产品的功能.

假设此问题中,消费者的需要是

$$A(t_i) = \begin{bmatrix} 穿, & 支配对象, & \{D_i(t_i)\} \\ & 施动对象, & 旅行者 \\ & 场合, & t_i \end{bmatrix}$$

$$\wedge \begin{bmatrix} 携带, & 支配对象, & \{D_i(t_i)\} \\ & 工具, & M_D \end{bmatrix}, \quad i = 1, 2, 3, 4, 5$$

其中

$$M_D = \begin{bmatrix} 旅行箱D, & 容积, & v \\ & 数量, & 1个 \end{bmatrix}$$

$t_1 =$ 开会时，$D_1(t_1) =$ 皮鞋；$t_2 =$ 跑步时，$D_2(t_2) =$ 跑步鞋；$t_3 =$ 休闲时，$D_3(t_3) =$ 休闲鞋；$t_4 =$ 登山时，$D_4(t_4) =$ 登山鞋；$t_5 =$ 打网球时，$D_5(t_5) =$ 网球鞋。

由于每双鞋子的体积是一定的，当只有一个能带上飞机的旅行箱时，旅行箱的容积也是一定的。因此，此问题是旅行箱的容积和需要携带的所有鞋子的体积构成的矛盾问题，即

$$P = \left(\{D_i(t_i)\}, 体积, \sum_{i=1}^{5} v_i\right) * (旅行箱D, 容积, v), \quad i = 1, 2, 3, 4, 5$$

相容度函数为 $k(x) = v - x$。就已有的鞋子而言，显然 5 双鞋子的体积之和 $x_0 = \sum_{i=1}^{5} v_i$ 使得

$$k(x_0) = v - \sum_{i=1}^{5} v_i < 0$$

旅行箱的容积 v 不能增大，就必须缩小每双鞋子的体积。而无论什么鞋子，都是由鞋底、鞋帮和其他附属件构成的。对一个人而言，穿各种鞋的码数都是一样的，因此鞋底的大小都是一样的，而鞋底也是占用体积最多且无法缩小的部分。

上述需要对应的 $\{D_i(t_i)\}$ 的功能事元是

$$A_f(t_i) = \begin{bmatrix} 保护, & 支配对象 & 脚(t_i) \\ & 施动对象, & 旅行者 \\ & 场合, & t_i \\ & 工具, & \{D_i(t_i)\} \end{bmatrix}$$

$$\wedge \begin{bmatrix} 装入, & 接受对象, & \{D_i(t_i)\} \\ & 位置, & M_D \end{bmatrix}, \quad i = 1, 2, \cdots, 5$$

(2) 确定待创造产品的性质特征元集和实义特征元集。

要实现上述功能, $\{D_i(t_i)\}$ 必须具有如下性质特征元集:

$$\{(c_g, v_g)\} = \{(可折叠性, 高), (柔软性, 高), (舒适性, 高), (适应性, 高)\}$$

而要使上述性质特征元实现, $\{D_i(t_i)\}$ 必须具有如下实义特征元集:

$$\{(c_r, v_r)\} = \{(体积, v_i), (码数, u_{1i}), (重量, u_{2i})$$
$$(材质, u_{3i}), (颜色, u_{4i})\}, \quad i = 1, 2, 3, 4, 5$$

(3) 确定待创造产品的硬部和软部.

由于待创造的产品是用于在各种不同场合保护脚的, 根据常识知识, 该产品的硬部必须有 "鞋底""鞋帮" 和 "附件", 而且各种场合需要的产品的码数是相同的, 即

$$(码数, u_{1i}) = (码数, u_1)$$

根据上述实义特征元, 可构造硬部物元

$$M_{1\mathrm{hr}}(t_i) = \begin{bmatrix} 鞋底 D_{1i}(t_i), & 体积, & v_{1i} \\ & 码数, & u_1 \\ & 重量, & u_{21i} \\ & 材质, & u_{31i} \\ & 颜色, & u_{41i} \end{bmatrix}$$

$$M_{2\mathrm{hr}}(t_i) = \begin{bmatrix} 鞋帮 D_{2i}(t_i), & 体积, & v_{2i} \\ & 码数, & u_1 \\ & 重量, & u_{22i} \\ & 材质, & u_{32i} \\ & 颜色, & u_{42i} \end{bmatrix}$$

$$M_{3\mathrm{hr}}(t_i) = \begin{bmatrix} 附件 D_{3i}(t_i), & 体积, & v_{3i} \\ & 码数, & u_1 \\ & 重量, & u_{23i} \\ & 材质, & u_{33i} \\ & 颜色, & u_{43i} \end{bmatrix}$$

且上述硬部物元必须满足 $\sum_{i=1}^{5}\sum_{j=1}^{3} v_{ji} = \sum_{i=1}^{5} v_i < v$.

为简便起见, 本案例只分析鞋底和鞋帮构成的软部, 不分析与附件构成的软部.

目前已有的鞋子的鞋底和鞋帮构成的软部关系元为

$$R_{\mathrm{sf}}(t_i) = \begin{bmatrix} 连接关系, & 前项, & 鞋帮 D_{2i}(t_i) \\ & 后项, & 鞋底 D_{1i}(t_i) \\ & 程度, & 密切 \\ & 方式, & 胶合 \end{bmatrix}$$

(4) 确定待创造产品的潜部和负部.

根据消费者的需要可知, 由上述硬部和软部构成的产品, 必须满足体积的要求, 因此不必考虑产品的潜部, 且显然关于待创造产品的功能而言, 鞋底和鞋帮的体积是负部 (对鞋而言, 附件的体积可以忽略), 且都无法直接作缩小变换.

(5) 选择进行拓展分析和可拓变换, 并判断变换后的对象是否使不相容问题转化为相容.

根据共轭分析与共轭变换方法, 先对软部进行发散分析

$$R_{\mathrm{sf}}(t_i) \dashv \begin{cases} R_{\mathrm{sf1}}(t_i) = \begin{bmatrix} 连接关系, & 前项, & 鞋帮 D_{2i}(t_i) \\ & 后项, & 鞋底 D_{1i}(t_i) \\ & 程度, & 密切 \\ & 方式, & 线订 \end{bmatrix} \\ R_{\mathrm{sf2}}(t_i) = \begin{bmatrix} 连接关系, & 前项, & 鞋帮 D_{2i}(t_i) \\ & 后项, & 鞋底 D_{1i}(t_i) \\ & 程度, & 密切 \\ & 方式, & 绑带 \end{bmatrix} \\ R_{\mathrm{sf3}}(t_i) = \begin{bmatrix} 连接关系, & 前项, & 鞋帮 D_{2i}(t_i) \\ & 后项, & 鞋底 D_{1i}(t_i) \\ & 程度, & 密切 \\ & 方式, & 拉链 \end{bmatrix} \end{cases}$$

选择实施主动可拓变换

$$\varphi R_{\mathrm{sf}}(t_i) = \begin{bmatrix} 连接关系, & 前项, & 鞋帮 D_{2i}(t_i) \\ & 后项, & 鞋底 D_{1i}(t_i) \\ & 程度, & 密切 \\ & 方式, & 拉链 \end{bmatrix} = R_{\mathrm{sf3}}(t_i)$$

则有如下传导变换

$$T_{1\varphi}M_{1\text{hr}}(t_i) = \begin{bmatrix} 鞋底 D_1, & 体积, & v_1 \\ & 码数, & u_1 \\ & 重量, & u_{21} \\ & 材质, & u_{31} \\ & 颜色, & u_{41} \end{bmatrix} = M_{1\text{hr}},$$

即所有的鞋底变为一个固定的鞋底,不随 t_i 的变化而变化,进而导致软部发生二次传导变换

$$T'_{i\varphi}R_{\text{sf}3}(t_i) = \begin{bmatrix} 连接关系, & 前项, & 鞋帮 D_{2i}(t_i) \\ & 后项, & 鞋底 D_1 \\ & 程度, & 密切 \\ & 方式, & 拉链 \end{bmatrix}$$
$$= R'_{\text{sf}3}(t_i), \quad i = 1, 2, \cdots, 5$$

显然 $x' = v_1 + \sum_{i=1}^{5} v_{2i} + \sum_{i=1}^{5} v_{3i} < v$,变换后的相容度 $k(x') = v - x' > 0$,即使不相容问题转化为相容.

(6) 确定产品创意集 $\{M\}$.

根据上述变换,可以确定多个产品创意:

$$\{M\} = M_{1\text{hr}} \wedge \{M_{2\text{hr}}(t_i)\} \wedge \{M_{3\text{hr}}(t_i)\} \wedge R'_{\text{sf}3}(t_i)$$

这些创意的含义是: 采用一种固定的鞋底,与 5 种不同的鞋帮和附件,用拉链连接方式连接鞋底和鞋帮,从而可构成多种产品创意,这些创意都满足体积的要求.

说明 实际设计中,鞋帮和附件之间、附件与鞋底之间还会有各种关系,由于不涉及此例矛盾问题的转化,所以不作分析.

(7) 评价选优.

以 (舒适性, 高), (适应性, 高) 作为衡量指标,对上述产品创意进行评价,此略,最终选择休闲坡跟鞋底配 5 种不同鞋帮和附件、拉链连接鞋底和鞋帮的创意.

8.3 第二创造法
—— 从现有产品出发生成新产品创意

◆ 如何从现有产品出发生成新产品或系列产品创意?

可拓创新方法

- 现有产品有哪些特征？有哪些功能？有什么样的结构？
- 您通常习惯从哪个角度去构思新产品？
- 您的创意是如何获得的？

为了争夺市场份额，得到更大份额的"饼"，很多企业集中在产品的若干特征上各出奇招，使投在这些特征上的成本居高不下。要创造新产品，可以利用拓展分析方法，拓展出产品这些特征的其他量值或这些特征以外的其他特征，创造出更有特色的产品，也可以就这些产品的特征，通过四种基本变换或它们的运算，创造出新产品。

例如，在胶片时代，柯达一直霸占着领导者的地位，其他的相机厂商不论如何创新都只能从其手上得到较小的市场份额，但是随着数码时代的来临，其他厂商不断地革新自己的数码技术，从而出现了富士、佳能等品牌的数码相机，而数码相机又因为其易用性及高效率而很快地抢占到了巨大的市场份额，取得了成功。而随着智能手机的出现和不断发展，智能手机又占领了部分卡片式数码相机的市场。

第二创造法是从已有的一个或几个产品出发，通过变换它（或它们）的某些要素，而生成新产品创意的方法。该创造法是生成系列产品或组合产品创意的常用方法。

第二创造法的主要步骤如下：

(1) 分解原产品：从共轭分析的角度对原产品 O 进行分解，列出它们的虚实部、软硬部、潜显部和负正部。如有必要，还需列出它们的中介部，并选择确定从物质性、系统性、动态性或对立性中的一个或多个方面进行创新。下面以软硬共轭分析为例。

(2) 列出原产品 O 及其软硬共轭部的主要特征，并根据实际问题获得上述各特征对应的量值。

(3) 列出描述原产品 O 不同层次的硬部物元（产品整体，组成部分，零部件等）和各种软部（产品的结构，各种连接关系等）关系元，再列出描述原产品 O 的硬部和软部不同层次功能的功能事元。

(4) 进行拓展分析：利用拓展分析方法对上述基元进行拓展，获得创新的多种途径。

(5) 进行可拓变换：利用各种可拓变换方法，将步骤 (3) 的基元变换为步骤 (4) 拓展得到的各个基元，并进行可拓变换的运算，以获得多种新产品创意。

(6) 评价选优：利用优度评价方法，对上述可拓变换后形成的新产品创意进行评价，选取优度较高者，作为待选新产品创意。

上述步骤可用如图 8.3.1 的流程图表示.

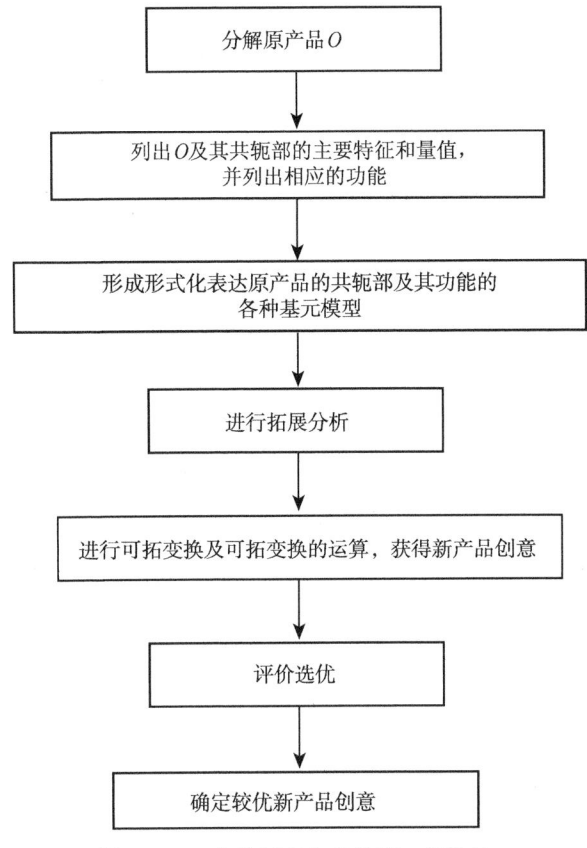

图 8.3.1　产品创意生成的第二创造法

案例分析

例 8.3.1　从已有的某个方形红木桌子 O 出发, 利用第二创造法获得新产品创意.

(1) 对现有的方形红木桌子 O, 从软硬共轭分析的角度进行分解, 列出该桌子的一些重要特征及其相应的量值, 构成产品物元、结构关系元和功能事元如下:

$$M = \begin{bmatrix} O, & 桌腿数, & 4 \\ & 材质, & 红木 \\ & 价格, & 1.0万元 \\ & 可分性, & 不可分 \end{bmatrix}$$

$$M_1 = \begin{bmatrix} 桌面O_1, & 形状, & 正方形 \\ & 材质, & 红木 \\ & 价格, & 0.8万元 \\ & 面积, & 2.25\text{m}^2 \\ & 可分性, & 不可分 \end{bmatrix}$$

$$M_2 = \begin{bmatrix} 桌腿O_2, & 形状, & 长方体 \\ & 材质, & 红木 \\ & 价格, & 0.2万元 \\ & 高度, & 1.2\text{m} \\ & 可分性, & 不可分 \end{bmatrix}$$

$$R = \begin{bmatrix} 连接关系, & 前项, & 桌面O_1 \\ & 后项, & 桌腿O_2 \\ & 方式, & 螺钉 \\ & 程度, & 紧密 \end{bmatrix}$$

$$A_1 = \begin{bmatrix} 放置, & 支配对象, & 餐具 \\ & 施动对象, & 老年人 \\ & 工具, & O \\ & 位置, & 餐厅 \end{bmatrix}$$

$$A_2 = \begin{bmatrix} 提升, & 支配对象, & 品味 \\ & 施动对象, & 老年人 \\ & 工具, & O \\ & 位置, & 餐厅 \end{bmatrix}$$

(2) 对原产品 O 的各个基元进行拓展分析 (为简便起见，不作功能事元的拓展)，以发散分析为例，可得

$$M = \begin{bmatrix} O, & 桌腿数, & 4 \\ & 材质, & 红木 \\ & 价格, & 1.0万元 \\ & 可分性, & 不可分 \end{bmatrix}$$

第 8 章　产品可拓创意生成方法

$$\dashv \begin{cases} M^1 = \begin{bmatrix} O^1, & 桌腿数, & 1 \\ & 材质, & 红木 \\ & 价格, & 0.8万元 \\ & 可分性, & 不可分 \end{bmatrix} \\ \quad \dashv M^{11} = \begin{bmatrix} O^1, & 颜色, & 红木色 \\ & 重量, & a_{11} \\ & 可折叠性, & 不可折叠 \end{bmatrix} \\ M^2 = \begin{bmatrix} O^2, & 桌腿数, & 3 \\ & 材质, & 橡木 \\ & 价格, & 0.9万元 \\ & 可分性, & 可分 \end{bmatrix} \\ \quad \dashv M^{21} = \begin{bmatrix} O^2, & 颜色, & 橡木色 \\ & 重量, & a_{21} \\ & 可折叠性, & 不可折叠 \end{bmatrix} \\ M^3 = \begin{bmatrix} O^3, & 桌腿数, & 3 \\ & 材质, & 黑胡桃木 \\ & 价格, & 1.0万元 \\ & 可分性, & 不可分 \end{bmatrix} \\ \quad \dashv M^{31} = \begin{bmatrix} O^3, & 颜色, & 黑胡桃木色 \\ & 重量, & a_{31} \\ & 可折叠性, & 可折叠 \end{bmatrix} \\ M^4 = \begin{bmatrix} O^4, & 桌腿数, & 4 \\ & 材质, & 红木 \\ & 价格, & 0.9万元 \\ & 可分性, & 不可分 \end{bmatrix} \end{cases}$$

$$M_1 = \begin{bmatrix} 桌面O_1, & 形状, & 正方形 \\ & 材质, & 红木 \\ & 价格, & 0.8万元 \\ & 面积, & 2.25\text{m}^2 \\ & 可分性, & 不可分 \end{bmatrix}$$

$$\dashv \begin{cases} M_{11} = \begin{bmatrix} 桌面O_{11}, & 形状, & 长方形 \\ & 材质, & 红木 \\ & 价格, & 0.8万元 \\ & 面积, & 2.0\text{m}^2 \\ & 可分性, & 不可分 \end{bmatrix} \\ \quad \dashv M_{111} = \begin{bmatrix} 桌面O_{11}, & 颜色, & 红木色 \\ & 可折叠性, & 不可折叠 \\ & 厚度, & b_{11} \end{bmatrix} \\ M_{12} = \begin{bmatrix} 桌面O_{12}, & 形状, & 正方形 \\ & 材质, & 橡木 \\ & 价格, & 0.8万元 \\ & 面积, & 2.25\text{m}^2 \\ & 可分性, & 可分 \end{bmatrix} \dashv M_{121} = \begin{bmatrix} 桌面O_{12}, & 颜色, & 橡木色 \\ & 可折叠性, & 可折叠 \\ & 厚度, & b_{12} \end{bmatrix} \\ M_{13} = \begin{bmatrix} 桌面O_{13}, & 形状, & 花瓣形 \\ & 材质, & 红木 \\ & 价格, & 1.0万元 \\ & 面积, & 1.8\text{m}^2 \\ & 可分性, & 可分 \end{bmatrix} \dashv M_{131} = \begin{bmatrix} 桌面O_{13}, & 颜色, & 红木色 \\ & 可折叠性, & 可折叠 \\ & 厚度, & b_{13} \end{bmatrix} \\ M_{14} = \begin{bmatrix} 桌面O_{14}, & 形状, & 六边形 \\ & 材质, & 黑胡桃木 \\ & 价格, & 0.8万元 \\ & 面积, & 1.8\text{m}^2 \\ & 可分性, & 不可分 \end{bmatrix} \\ \quad \dashv M_{141} = \begin{bmatrix} 桌面O_{14}, & 颜色, & 黑胡桃木色 \\ & 可折叠性, & 不可折叠 \\ & 厚度, & b_{14} \end{bmatrix} \end{cases}$$

$$M_2 = \begin{bmatrix} 桌腿O_{22}, & 形状, & 长方体 \\ & 材质, & 红木 \\ & 价格, & 0.2万元 \\ & 面积, & 1.2\text{m}^2 \\ & 可分性, & 不可分 \end{bmatrix}$$

$$\left\{\begin{array}{l} M_{21} = \begin{bmatrix} 桌腿 O_{21}, & 形状, & 圆柱体 \\ & 材质, & 不锈钢 \\ & 价格, & 0.3万元 \\ & 高度, & 1.2\text{m} \\ & 可分性, & 不可分 \end{bmatrix} \\ M_{22} = \begin{bmatrix} 桌腿 O_{22}, & 形状, & 长方体 \\ & 材质, & 铝合金 \\ & 价格, & 0.2万元 \\ & 高度, & 1.2\text{m} \\ & 可分性, & 可分 \end{bmatrix} \\ M_{23} = \begin{bmatrix} 桌腿 O_{23}, & 形状, & 长方体 \\ & 材质, & 黑胡桃木 \\ & 价格, & 0.2万元 \\ & 高度, & 1.0\text{m} \\ & 可分性, & 可分 \end{bmatrix} \end{array}\right.$$

$$R = \begin{bmatrix} 连接关系, & 前项, & 桌面 O_1 \\ & 后项, & 桌腿 O_2 \\ & 方式, & 螺钉 \\ & 程度, & 紧密 \end{bmatrix}$$

$$\left\{\begin{array}{l} R_1^{ij} = \begin{bmatrix} 连接关系, & 前项, & 桌面 O_{1i} \\ & 后项, & 桌腿 O_{2j} \\ & 方式, & 一体成型 \\ & 程度, & 紧密 \end{bmatrix} \\ R_2^{ij} = \begin{bmatrix} 连接关系, & 前项, & 桌面 O_{1i} \\ & 后项, & 桌腿 O_{2j} \\ & 方式, & 嵌入式 \\ & 程度, & 紧密 \end{bmatrix} \\ R_3^{ij} = \begin{bmatrix} 连接关系, & 前项, & 桌面 O_{1i} \\ & 后项, & 桌腿 O_{2j} \\ & 方式, & 螺旋式 \\ & 程度, & 紧密 \end{bmatrix} \end{array}\right.$$

$$(i = 1, 2, 3, 4; j = 1, 2, 3)$$

对上述拓展前的各物元和关系元进行可拓变换和可拓变换的运算,可以得到多种新的产品创意. 限于篇幅,以如下可拓变换及其与运算为例.

(1) 作可拓变换: $T^3M = M^3 \oplus M^{31}, T_{14}M_1 = M_{14} \oplus M_{141}, T_{23}M_2 = M_{23}, T_{R1}R = R_1^{43}$,则这些变换的复合变换为

$$T_1 = T_{R1}(T^3 \wedge T_{14} \wedge T_{23})$$

(2) 作可拓变换: $T_{13}M_1 = M_{13}, T_{21}M_2 = M_{21}, T_{R3}R = R_3^{31}$,且与变换 $T_{13} \wedge T_{21}$ 会导致如下传导变换

$$_{13 \wedge 21}T^5 M = M^5 = \begin{bmatrix} O^5, & 桌腿数, & 4 \\ & 材质, & 红木 \\ & 价格, & 1.3万元 \\ & 可分性, & 可分 \end{bmatrix}$$

则这些变换的复合变换为

$$T_2 = {}_{13 \wedge 21}T^5 T_{R3}(T_{13} \wedge T_{21})$$

上述变换获得的新产品可拓模型为

$$M_*^3 = (M^3 \oplus M^{31}) \wedge (M_{14} \oplus M_{141}) \wedge M_{23} \wedge R_1^{43}$$

$$M_*^5 = M^5 \wedge M_{13} \wedge M_{21} \wedge R_3^{31}$$

这两个创意模型可用语言简单表述为:

创意 1   3条腿一体成型不可分式六边形桌面长方体腿黑胡桃木桌,价格 1.0 万元.

创意 2   4条腿可分式花瓣形红木桌面圆柱体不锈钢腿桌,价格 1.3 万元,例如,可以拆分为多片桌面也可以组合为一个整体的"花瓣"桌,使桌子的灵活性大大增加,特别适合那种需要经常移动桌子供应个人单独使用的场合.

同理还可以生成更多不同创意,再根据企业的技术可行性、市场需求、成本等方面的情况,利用优度评价法评价获得较优的创意,此略.

8.4 第三创造法
—— 从产品的缺点出发生成新产品创意

♦ 您是否常常抱怨您所使用的产品?

◆ 您认为可以如何改善这些产品？您通常习惯从哪个角度去改善？
◆ 您的创意是如何获得的？

对于一个产品,调查不愿意购买这个产品的顾客的意见,通过分析,找出非顾客对它不满意的特征,对这些"缺点"进行改进,从而可创造出新的产品. 另一方面,还要保持原顾客对新产品的需求. 也就是说,新产品的顾客包括两类: ① 原产品非顾客的一部分; ② 原产品顾客的一部分. 这种产品的市场相比老市场前景要大得多.

第三创造法就是从市场上已经存在的产品出发,分析其缺点或消费者的抱怨,并对其进行拓展分析与可拓变换,从而生成新产品创意,然后对生成的创意进行定量化优劣性判定,最终选出较优创意的方法. 其主要步骤如下:

(1) 对市场上已经存在的产品进行分析,并用产品物元、功能事元、结构关系元模型将其形式化表示为

$$M = \begin{bmatrix} O_M, & c_{M01}, & v_{M01} \\ & c_{M02}, & v_{M02} \\ & \vdots & \vdots \\ & c_{M0n_1}, & v_{M0n_1} \end{bmatrix}$$

$$A = \begin{bmatrix} O_A, & c_{A01}, & v_{A01} \\ & c_{A02}, & v_{A02} \\ & \vdots & \vdots \\ & c_{A0n_2}, & v_{A0n_2} \end{bmatrix}$$

$$R = \begin{bmatrix} O_R, & c_{R01}, & v_{R01} \\ & c_{R02}, & v_{R02} \\ & \vdots & \vdots \\ & c_{R0n_3}, & v_{R0n_3} \end{bmatrix}$$

其中 O_M 表示所要分析的已有产品, c_{M0i} 表示该产品的某个特征, v_{M0i} 表示该产品关于特征 c_{M0i} 的量值. O_A 表示所要分析的产品的功能中的动作, c_{A0j} 表示该动作的某个特征, v_{A0j} 表示该动作关于特征 c_{A0j} 的量值. O_R 表示所要分析的产品的结构中的关系词, c_{R0l} 表示该关系词的某个特征, v_{R0l} 表示该关系词关于特征 c_{R0l} 的量值.

如果侧重产品实体的缺点分析,则对产品物元进行分析；如果侧重功能的缺点分析,则对功能事元进行分析；如果侧重结构的缺点分析,则对结构关系元进行分

析. 当然也可以分别或同时对它们进行分析.

(2) 根据上述可拓模型, 运用缺点列举法, 找到产品的缺点, 把所分析的产品的缺点特征、功能的缺点特征、结构的缺点特征分别列举出来, 并改写模型, 使得模型中的特征自上而下与不同程度的缺点特征相对应, 以便根据对缺点的要求进行分析. 改写后的可拓模型如下:

$$M_0 = \begin{bmatrix} M_{01} \\ \vdots \\ M_{0m_1} \\ \vdots \\ M_{0n_1} \end{bmatrix}, \quad A_0 = \begin{bmatrix} A_{01} \\ \vdots \\ A_{0m_2} \\ \vdots \\ A_{0n_2} \end{bmatrix}, \quad R_0 = \begin{bmatrix} R_{01} \\ \vdots \\ R_{0m_3} \\ \vdots \\ R_{0n_3} \end{bmatrix}$$

其中 $M_{01}, M_{02}, \cdots, M_{0m_1}$ 是针对产品实体的缺点特征列举的缺点分物元; $A_{01}, A_{02}, \cdots, A_{0m_2}$ 是针对产品功能的缺点特征列举的缺点分事元; $R_{01}, R_{02}, \cdots, R_{0m_3}$ 是针对产品结构的缺点特征列举的缺点分关系元.

通常人工进行分析时, 直接从第 (2) 步开始建模, 不必列出全部非缺点分基元.

(3) 对上面得到的缺点分基元进行拓展分析, 可利用发散分析、相关分析、蕴含分析或可扩分析.

(4) 根据上述分析结果, 运用可拓变换方法对缺点分基元进行变换或变换的运算, 如果有相关基元, 还要考虑传导变换的结果, 综合形成多个新产品创意.

(5) 根据市场调查和企业的历史知识, 确定衡量指标, 从社会指标、经济指标、技术指标等方面对上面产生的新产品创意进行优度评价, 从而选出优度较高的创意.

文献 [19] 以对产品物元的分析为例, 针对上述步骤, 给出如图 8.4.1 所示的流程图, 其中 e 表示变换次数的限定值, 变换超过 e 次, 则视作变换失败, 避免变换操作进入死循环. 该流程可以实现软件化操作, 从而可以利用计算机帮助人们生成新产品创意. 文献 [19] 的案例分析也说明该流程的可行性, 有兴趣的读者可以参考.

如果需要对有缺点的功能事元或结构关系元单独进行分析, 也有类似的流程, 此略.

如果需要同时对有缺点的产品物元、功能事元和结构关系元进行分析, 上述流程将不适合. 通常的方法是先分析产品物元, 再分析功能事元和结构关系元.

由于功能和结构与产品的很多特征是互相关联的, 因此在拓展时要注意应用相关分析和蕴含分析, 确保充分考虑实施主动可拓变换时所发生的传导变换, 避免出现越变越糟的情况.

第三创造法的简化流程如图 8.4.1 所示.

第 8 章 产品可拓创意生成方法　193

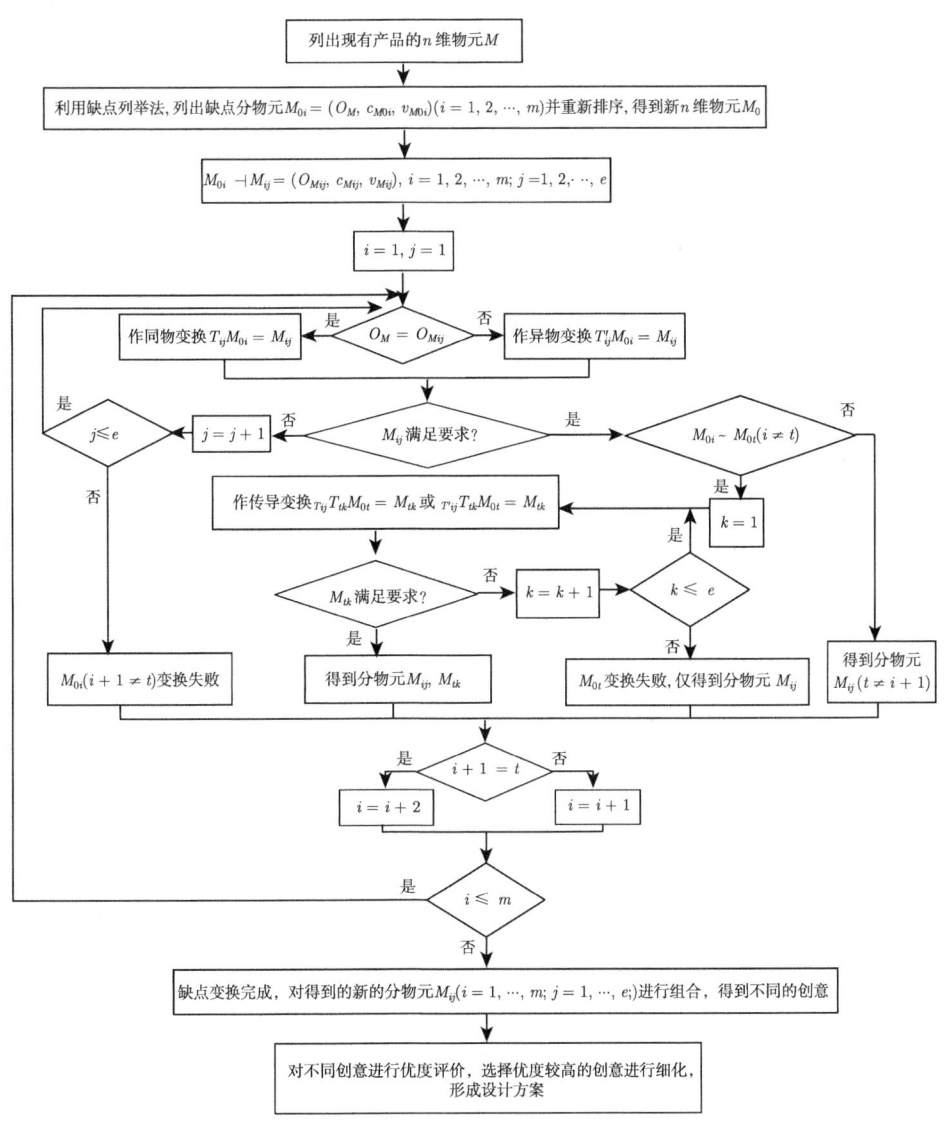

图 8.4.1　产品创意生成的第三创造法的流程

案 例 分 析

例 8.4.1　现有的某款红光激光笔是长方体、黑色的，价格 210 元，电源类型为一节 7 号电池，无电源开关，红色激光指示，有点、直线、圆圈三种指示图形，可翻页，可黑屏，可直接返回编辑状态，在激光笔背面底部设计了 USB 卡插槽. 通过用户调查可知该产品的缺点为:形状不美观,颜色单调,无图案,用电量高,价格高. 请从该产品的缺点出发生成新产品创意.

下面利用第三创造法获得新产品创意. 为简便起见,直接列出产品的缺点物元、缺点功能事元和缺点结构关系元. 为便于理解,此例采用多维基元数据表的表达方式 (图 8.4.2).

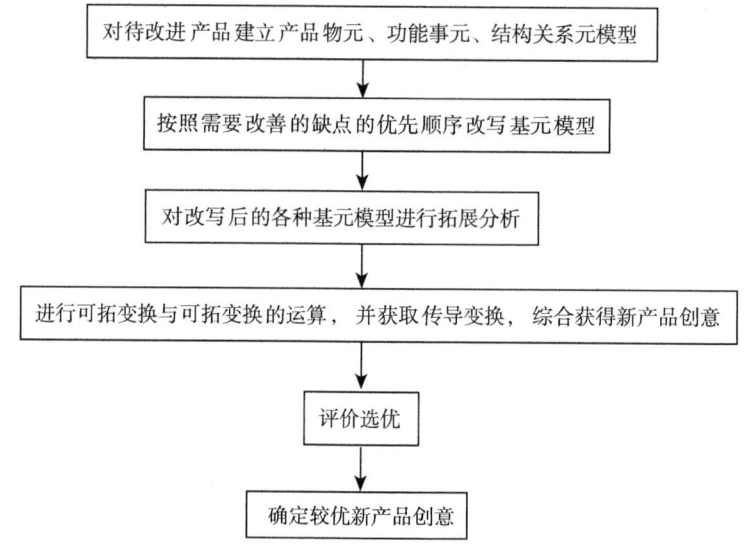

图 8.4.2 产品创意生成的第三创造法的简化流程

(1) 建模.

对该款激光笔实体的缺点进行分析,用多维物元数据表表示,见表 8.4.1.

表 8.4.1 激光笔的缺点物元表

对象	特征	量值
激光笔	形状	长方体
	外观颜色	黑色
	价格	210 元
	图案	无
	光线颜色	红色
	电源类型	7 号电池
	用电量	高

该款激光笔无功能缺点,但由于成本高可能是因为功能多,因此也要对产品的主要功能进行建模,以便于改善原产品. 主要功能用多维事元数据表表示,见表 8.4.2.

表 8.4.2 激光笔的功能事元表

对象	特征	量值
发出	支配对象	红光
	工具	二极管
指示	支配对象	屏幕
	工具	指示键
	状态	{点, 线, 圈}
转换	支配对象	指示状态
	工具	转轮
翻转	支配对象	页面
	工具	翻页键
	方式	{向前, 向后}
返回	支配对象	{编辑状态, 播放状态}
	工具	返回键
	方式	按一次
遮蔽	支配对象	屏幕
	工具	遮蔽键

对该款激光笔的结构缺点进行分析, 用多维关系元数据表表示, 见表 8.4.3.

表 8.4.3 激光笔的缺点结构关系元表

对象	特征	量值
扦插关系	前项	USB 卡
	后项	插槽
	程度	紧密
	方式	直接嵌入

(2) 拓展分析.

可利用发散分析、相关分析、蕴含分析或可扩分析对上面列出的缺点分基元进行拓展. 为便于理解, 此例用基元对应的数据表方式表示.

(a) 对产品缺点物元进行拓展分析.

对产品物元进行如表 8.4.4 所示的发散分析.

通过相关分析可知: 该激光笔的价格与其成本是相关的, 价格高是因为成本高.

通过可扩分析可知: 该激光笔的成本可分解为各部件的成本, 成本高主要是因为实现各功能的部件的成本高.

通过蕴含分析可知: 该激光笔用电量高是因为没有设置电源开关.

(b) 对结构缺点关系元进行拓展分析.

由用户调查结果显示, 用户对产品结构的抱怨主要是 USB 插槽插取不方便, 插上后难以取出, 容易损坏 USB 卡. 另外, 根据上述蕴含分析知, 要降低用电量, 需要增加电源和开关的开关关系. 因此下面要对结构关系元进行拓展分析, 以拓展出更多的结构关系.

表 8.4.4 产品物元发散分析表

对象	特征	量值	量值发散结果	对象发散结果	特征发散结果
激光笔	形状	长方体	正方体, 椭圆柱体, 球体, 圆柱体, 球冠体, 动物型体, ⋯	钢笔	外观材质
	外观颜色	黑色	红色, 白色, 蓝色, 彩色, ⋯	鼠标	成本
	价格	210 元	⟨30, 400⟩ 元	温度计	质量
	图案	无	青花, 国画, 动物, 几何图案, 动物, ⋯	画笔	开关位置
	光线颜色	红色	绿色, 蓝色, 黄色, 紫色, ⋯	电源开关	⋯
	电源类型	7 号电池	5 号电池, 纽扣电池, 锂电池, 充电, ⋯		
	用电量	高	中, 低, ⋯		

对产品结构缺点进行如表 8.4.5 所示的发散分析.

表 8.4.5 结构关系元发散分析表

对象	特征	量值	量值发散结果
扦插关系	前项	USB 卡	电源开关
	后项	插槽	电源
	程度	紧密	
	方式	直接嵌入	推入, 旋入, 吸附, ⋯

对象发散结果	特征发散结果		量值发散结果
开关关系	方向		从左到右, 从前到后, 从下到上, ⋯
	位置		背面中部, 背面底部, 侧面中部, 侧面底部

(3) 实施可拓变换, 生成新产品创意.

根据初始基元表和拓展后的基元表, 选择实施可拓变换, 可以获得多种产品创意, 例如表 8.4.6~表 8.4.9 的变换及其结果.

表 8.4.6 产品物元变换表 (1)

变换前			变换类型	变换后		
对象	特征	量值		对象	特征	量值
激光笔	形状	长方体	量值的置换变换	激光笔	形状	椭圆柱体
	外观颜色	黑色			外观颜色	白色
	价格	210 元			价格	210 元
	图案	无			图案	国画
	电源类型	7 号电池			电源类型	7 号电池
	用电量	高			用电量	高

第 8 章 产品可拓创意生成方法

表 8.4.7 产品物元变换表 (2)

变换前			变换类型	变换后		
对象	特征	量值		对象	特征	量值
激光笔	形状 外观颜色 价格 图案 电源类型 用电量	长方体 黑色 210 元 无 7 号电池 高	对象的增加变换 量值的置换变换 传导变换	激光笔 ⊕ 电源开关	形状 外观颜色 价格 图案 电源类型 用电量 开关位置	(椭圆柱体 ∨ 球冠体 ∨ 甲壳虫体) ⊕ 椭圆按钮 古麻色 ∨ 白色 ∨ 彩色 180 元 国画 ∨ 青花 ∨ 甲壳虫体 5 号电池 ∨ 纽扣电池 低 激光笔背面底部

表 8.4.8 功能事元变换表

变换前			变换类型	变换后		
对象	特征	量值		对象	特征	量值
发出	支配对象 工具	红光 二极管	量值的置换变换	发出	支配对象 工具	蓝光 二极管
指示	支配对象 工具 状态	屏幕 指示键 {点, 线, 圈}	量值的删减变换	指示	支配对象 工具 状态	屏幕 指示键 点
转换	支配对象 工具	指示状态 转轮	事元的删减变换			
翻转	支配对象 工具 方式	页面 翻页键 {向前, 向后}	不变换	翻转	支配对象 工具 方式	页面 翻页键 {向前, 向后}
返回	支配对象 工具 方式	{编辑状态, 播放状态} 返回键 按一次, 再按一次	量值的删减变换	返回	支配对象 工具 方式	{编辑状态, 播放状态} 返回键 按一次
遮蔽	支配对象 工具	屏幕 遮蔽键	事元的删减变换			

表 8.4.9 结构关系元变换表

变换前			变换类型	变换后		
对象	特征	量值		对象	特征	量值
扦插关系	前项	USB 卡	对象的增加变换 量值的增加变换	扦插关系 ⊕ 开关关系	前项	USB 卡 ⊕ 开关
	后项	插槽	量值的增加变换		后项	插槽 ⊕ 电源
	程度	紧密			程度	紧密
	方式	直接嵌入	量值的置换变换		方式	推入
			特征元的增加变换		方向	从下到上
			特征元的增加变换		位置	背面底部

根据表 8.4.6—表 8.4.9 的变换方式, 可以选择得到如下 3 个创意:

创意 S_1　椭圆柱体古麻色国画图案蓝光激光笔, 7 号电池, 删减转换指示状态和遮蔽屏幕的功能, 在激光笔背面底部增加电源开关, 价格 170 元;

创意 S_2　球冠体白色青花图案红光激光笔, 纽扣电池, 删减转换指示状态和遮蔽屏幕的功能, 在激光笔背面底部增加电源开关, 价格 180 元;

创意 S_3　甲壳虫体彩色甲壳虫图案红光激光笔, 5 号电池, 删减转换指示状态和遮蔽屏幕的功能, USB 卡作为电源开关键, 在激光笔背面底部从下到上推入插槽关闭电源, 取出打开电源, 价格 190 元.

按照这种方法, 还可以得到更多创意, 此不赘述.

(4) 创意的评价选优.

对上面得到的创意, 利用优度评价方法进行评价选优, 以获得改善缺点后的较优创意. 具体步骤如下.

(a) 确定衡量指标. 根据对该激光笔的客户群体的市场调查, 确定价格、美观度、技术创新程度三个衡量指标, 衡量指标集记作 $MI = \{MI_1, MI_2, MI_3\}$, 其中

$$MI_1 = (价格, [150, 230] \text{元})$$

$$MI_2 = (美观度, \{较优, 优\})$$

$$MI_3 = (技术创新程度, 中等渐进创新及以上)$$

(b) 确定权系数. 根据市场调查结果和企业的历史数据, 对上述三个衡量指标的优先级进行划分, 以确定不同指标的重要性. 例如, 取 MI_1, MI_2, MI_3 的权系数分别为 $\alpha_1 = 0.3, \alpha_2 = 0.3, \alpha_3 = 0.4$.

(c) 建立关联函数, 并计算关联度. 关联函数是用来衡量评价特征符合要求的程度的函数.

①价格的关联函数: 据调查, 客户群对于该产品的价格能够接受的范围是 150 元到 230 元, 用正域 X_1 表示; 满意的价格范围是 150 元到 200 元, 用标准正域 X_{01} 表示. 最满意的价格是 150 元, 用 x_{01} 表示. 出于质量和消费能力考虑, 价格低于 140 元和高于 250 元的激光笔很少被客户群接受, 但在 [140, 150] 元和 [230, 250] 元范围内, 通过一定的促销手段, 也能够由不接受变为接受, 该区域被称作过渡负域, 并把过渡负域和正域并在一起, 用 $\hat{X}_1$ 表示. 于是根据上面所述可以把不同程度的价格范围划分为如下区间:

$$X_{01} = [a_{01}, b_{01}] = [150, 200], \quad X_1 = [a_1, b_1] = [150, 230]$$

$$\hat{X}_1 = [c_1, d_1] = [140, 250]$$

可以看出最优点 x_{01} 在 X_{01} 左端点,且正域和标准正域有公共端点,此时用如下初等关联函数:

$$k_1(x_1)=\begin{cases} \dfrac{\rho(x_1,x_{01},X_1)}{D(x_1,x_{01},X_{01},X_1)}, & D(x_1,x_{01},X_{01},X_1)\neq 0,\ x_1\in X_1 \\ -\rho(x_1,x_{01},X_{01})+1, & D(x_1,x_{01},X_{01},X_1)=0,\ x_1\in X_{01} \\ 0, & D(x_1,x_{01},X_{01},X_1)=0,\ x_1\notin X_{01},\ x_1\in X_1 \\ \dfrac{\rho(x_1,x_{01},X_1)}{D(x_1,x_{01},X_1,\hat{X}_1)}, & D(x_1,x_{01},X_1,\hat{X}_1)\neq 0,\ x_1\in \Re-X_1 \end{cases}$$

由于 $x_{01}=150=a_{01}$,则

$$\rho(x_1,a_{01},X_1)=\begin{cases} a_{01}-x_1, & x_1<a_{01} \\ a_{01}-b_1, & x_1=a_{01} \\ x_1-b_1, & x_1>a_{01} \end{cases}=\begin{cases} 150-x_1, & x_1<150 \\ -80, & x_1=150 \\ x_1-230, & x_1>150 \end{cases}$$

$$\rho(x_1,a_{01},X_{01})=\begin{cases} a_{01}-x_1, & x_1<a_{01} \\ a_{01}-b_{01}, & x_1=a_{01} \\ x_1-b_{01}, & x_1>a_{01} \end{cases}=\begin{cases} 150-x_1, & x_1<150 \\ -50, & x_1=150 \\ x_1-200, & x_1>150 \end{cases}$$

$$D(x_1,a_{01},X_{01},X_1)=\rho(x_1,a_{01},X_1)-\rho(x_1,a_{01},X_{01})$$

$$D(x_1,a_{01},X_1,\hat{X}_1)=\rho(x_1,a_{01},\hat{X}_1)-\rho(x_1,a_{01},X_1)$$

于是可得三种创意关于价格的关联度分别为

$$k_{11}(170)=\frac{\rho(170,150,X_1)}{D(170,150,X_{01},X_1)}=\frac{-60}{-230+200}=2$$

$$k_{12}(180)=\frac{\rho(180,150,X_1)}{D(180,150,X_{01},X_1)}=\frac{-50}{-230+200}\approx 1.67$$

$$k_{13}(190)=\frac{\rho(190,150,X_1)}{D(190,150,X_{01},X_1)}=\frac{-40}{-230+200}\approx 1.33$$

将上述关联函数规范化可得规范关联度为

$$K_{11}=\frac{k_{11}(170)}{|k_{11}(170)|}=1,\quad K_{12}=\frac{k_{12}(180)}{|k_{11}(170)|}=0.835,\quad K_{13}=\frac{k_{13}(190)}{|k_{11}(170)|}=0.667$$

②美观度的关联函数:美观度是一个主观评价特征,往往会因人而异,但根据市场调查,认为良好以上就可以接受,因此建立如下离散型关联函数

$$K_2(x_2) = \begin{cases} 1, & x_2 = 优 \\ 0.5, & x_2 = 较优 \\ 0, & x_2 = 良好 \\ -0.5, & x_2 = 一般 \\ -1, & x_2 = 差 \end{cases}$$

利用上述函数求得三种创意的关联度 (亦即规范关联度) 分别为：$K_{21} = 0, K_{22} = 0.5, K_{23} = 1$.

③ 技术创新程度的关联函数：对技术创新程度，只要有中等渐进创新且能实现，就认为创意符合要求，也可以利用离散型关联函数衡量创意符合要求的程度，可取

$$K_3(x_3) = \begin{cases} 1, & x_3 = 技术系统的变革 \\ 0.9, & x_3 = 技术–经济范式的变革 \\ 0.7, & x_3 = 根本性创新 \\ 0.5, & x_3 = 较好渐进创新 \\ 0.3, & x_3 = 良好渐进创新 \\ 0.2, & x_3 = 中等渐进创新 \\ 0, & x_3 = 一般渐进创新 \\ -1, & x_3 = 无创新 \end{cases}$$

经分析，三种创意的技术创新程度属于不同程度的渐进创新，还达不到根本性的创新，关联度分别为：$K_{31} = 0.2, K_{32} = 0.3, K_{33} = 0.5$.

(d) 计算综合优度.

创意 S_1、创意 S_2、创意 S_3 的综合优度可以用关联度加权求和的方式计算，即

$$C(S_j) = (\alpha_1, \alpha_2, \alpha_3) \begin{bmatrix} K_{1j} \\ K_{2j} \\ K_{3j} \end{bmatrix} = \sum_{i=1}^{3} \alpha_i K_{ij}, \quad j = 1, 2, 3$$

于是可以计算出三种创意的优度分别为

$$C(S_1) = \alpha_1 \cdot K_{11} + \alpha_2 \cdot K_{21} + \alpha_3 \cdot K_{31} = 0.38$$
$$C(S_2) = \alpha_1 \cdot K_{12} + \alpha_2 \cdot K_{22} + \alpha_3 \cdot K_{32} = 0.52$$
$$C(S_3) = \alpha_1 \cdot K_{13} + \alpha_2 \cdot K_{23} + \alpha_3 \cdot K_{33} = 0.70$$

由上可知，创意 S_3 的综合优度最大，因此可以选择该种创意.

思考与练习

1. 请用可拓创新四步法分析您常用的一个笔记本，并生成较优的新产品创意.

2. 对在校学生而言,要想在南方的梅雨季节晾干衣服鞋袜,不是一件容易的事情,因为干衣机并不适合学生宿舍使用。从这个需要出发,您可否利用第一创造法获得具有这个功能的多个新产品创意,并从中选出较优的创意?

3. 从现有的手机出发,请用第二创造法获得多个新产品创意,并从中选出较优的创意。

4. 每个人从幼儿园开始就使用笔了,可以说笔是陪伴我们时间最久的文具之一。您最喜欢何种类型的笔?您认为您使用的笔有哪些缺点?请利用第三创造法获得多个新笔创意,并选择出较优的创意。

5. 请分析您的专业中的某一个产品或工具,尝试利用三个创造法之一获得新产品创意,并细化为新产品专利案,申请专利。

参 考 文 献

[1] 蔡文. 可拓集合和不相容问题 [J]. 科学探索学报, 1983,(1): 83–97
  Cai W. Extension set and non-compatible problems[A]//Advances in Applied Mathematics and Mechanics in China[C]. Peking: International Academic Publishers, 1990. 1–21
[2] 蔡文, 物元模型及其应用 [M]. 北京: 科学技术文献出版社, 1994
[3] 蔡文, 杨春燕, 林伟初. 可拓工程方法 [M]. 北京: 科学出版社, 1997
  Cai W, Yang C Y, Lin W C. Extension Engineering Methods[M]. Beijing: Science Press, 2003
[4] 蔡文. 可拓论及其应用 [J]. 科学通报, 1999, 44(7): 673–682
  Cai W. Extension theory and its application[J]. Chinese Science Bulletin, 1999, 44(17): 1538–1548
[5] 杨春燕, 蔡文. 可拓工程 [M]. 北京: 科学出版社, 2007
[6] 杨春燕, 张拥军. 可拓策划 [M]. 北京: 科学出版社, 2002
[7] 蔡文, 杨春燕, 何斌. 可拓逻辑初步 [M]. 北京: 科学出版社, 2003
[8] 吴文俊, 等."可拓论及其应用研究" 鉴定意见. http://extenics.gdut.edu.cn/info/1030/1131.htm
[9] 香山科学会议办公室. 可拓学的科学意义与未来发展 —— 香山科学会议第 271 次学术讨论会. 香山科学会议简报, 2006, 1(260): 1–69
[10] 杨春燕, 蔡文. 可拓学 [M]. 北京: 科学出版社, 2014
[11] 蔡文, 杨春燕. 可拓学的基础理论与方法体系 [J]. 科学通报, 2013, 58(13): 1190–1199
[12] Yang C Y, Cai W. Extenics: Theory, Method and Application[M]. Beijing: Science Press, & Columbus: The Educational Publisher, 2013
[13] 赵燕伟, 苏楠. 可拓设计 [J]. 北京: 科学出版社, 2010
[14] 杨春燕, 李兴森. 可拓创新方法及其应用研究进展 [J]. 工业工程, 2012, 15(1): 131–137
[15] 杨春燕, 蔡文. 可拓学与矛盾问题智能化处理 [J]. 科技导报, 2014, 32(36): 15–20
[16] 杨春燕, 蔡文. 基于可拓学的创意生成与生产研究 [J]. 广东工业大学学报, 2016, 33(01): 12–16
[17] Yang C Y. Overview of extension innovation methods [A]//Communications in Cybernetics, Systems Science and Engineering [C]. CRC Press/Balkema, Taylor &Francis Group, London, UK, Extenics and Innovation Methods, 2013: 11–19
[18] Liao Y Q, Yang C Y, Li W H. Extension innovation design of product family based on kano requirement model[A]. Procedia Computer Science, 2015, 55: 268–277

[19] 齐宁宁, 杨春燕. 基于可拓学第三创造法的产品概念设计 [J]. 数学的实践与认识, 2015, 45(5): 226–238

[20] 齐宁宁, 杨春燕. 多级优度评价及其在产品导购中的应用 [J]. 辽宁工程技术大学学报, 2016, 35(11): 1351–1358

[21] 杨春燕, 罗良维. 可拓创新方法在产品设计中的应用 [J]. 包装工程, 2016, 37(14): 7–10

[22] 赵燕伟, 周建强, 洪欢欢, 等. 可拓设计理论方法综述与展望 [J]. 计算机集成制造系统, 2015, 21(5): 1157–1167